暇　滿

台灣小農的夢幻《金瓶梅》食譜

དལ་འབྱོར་: Varieties of Life in *Chin P'ing Mei*

黃惠玲 ——— 著
by H.L.Huang

CONTENTS
目 錄

前言

從小羊同學間似乎都知道《金瓶梅》是淫書，絕不能碰。碰了，可能就像瘟疫，停都停不了。長大後，羊什麼書都看，就是絕不看《金瓶梅》，生怕自己會變成變態羊之類。

前年羊在某場演講裡，得知《金瓶梅》有許多好吃的食物，或許是食物的誘惑，再加上十七年前羊看書自學烘焙烹飪，而中式烹飪點心的經驗，唯有跟著傅培梅老師的書比畫兩下，如此而已。羊為了尋找無任何人工化學添加的食物，唯有往前溯源，看看幾百年前的人們，不需要任何人工化學添加，亦能有美味的食物。羊總是搜尋讀著北魏唐宋元明清朝等與食物有關的古籍，因此讓羊有更大的動機想好好讀此書。雞年農曆年間，羊終於認真讀了三本原著夢梅館版《金瓶梅詞話》（里仁書局出版）。

誠如原著序所言：「讀金瓶梅而生憐憫之心者，菩薩也；生畏懼心者，君子也；生歡喜心者，唯小人也；生效法心者，乃禽獸耳。且奉勸世人，勿為西門之後車可也。」《金瓶梅》四百年來，文中每一個故事不斷地被傳誦閱讀著百億次以上，定見自在人心。如何學會書中的警世文，每讀一次劇中人物重躍紙上，歷歷在目。那些細節與當今社會新聞裡差異不大，甚至現代更有過之，歷史教會我們很多經驗。與其浮誇為明朝的性事大全，還不如說是人性大全，來得貼切。

幾位好友好意極力勸阻我別寫此書，擔心毀了羊的聲譽，甚至提及看《金瓶梅》者，不看食譜；看食者，不看《金瓶梅》。我想每個人讀完《金瓶梅》，都能評論《金瓶梅》，也能有自己的觀點。此次是羊的自我突破和考驗，引用古籍《金瓶梅》，往前溯源考證食譜困難重重，腦海裡經常環繞著《金瓶梅》的場景，甚至出現在夢境裡。不過愈到完成之際，羊愈覺得這是註定的，這是我這輩子的使命，我要更努力完成。

《金瓶梅》文內無數次送往迎來間，無論朋友家人間的大小喜宴、西門慶得子得官位、陷害某人成功、完勝得到某人後所辦的慶功宴或是妻妾間拿出銀飾買酒菜娛樂，總在送禮吃喝間度過，美食佳餚一道道擺上桌，就像古裝韓劇裡經常出現十多小碟菜餚。至於廚房掌廚為西門慶四房孫雪娥，在四百年前的廚房裡，該如何做出這些料理呢？

羊讀《金瓶梅》，認為這是警世書，亦是悲劇。原著裡字字句句都是警世語，端看讀者如何看待。作者蘭陵笑笑生對於當代是悲觀的，劇中人物西門慶用盡一切好運，做盡一切壞事；「女版的西門慶」龐春梅亦是，從奴婢到成為官夫人，原本她能扭轉一切，但她的選擇卻讓她走向西門慶的下場。而西門慶的女婿陳經濟想學西門慶，壞事做盡運氣更壞，下場被殺了。更不用提潘金蓮害死武大郎，在妻妾群裡胡作非為引發爭端，用盡最狠毒的招數，歷經幾年後，最後還是被武大郎的哥哥武松給殺了。其他在生命裡交錯著被陷害的角色們，有著更悲慘的命運。我始終堅信「做好事不一定會有好運；做壞事也不一定會成功。」這些都是人們的選擇，在人生的道路裡，我們可以選擇做哪些決定、過什麼樣的日子。最後西門慶病逝時，同時也是大房吳月娘所生之子孝哥兒出生時，孝哥兒過了十五年後遁入空門，終結一切孽緣。

羊真心誠意地感謝許多貴人促成了這本書，如何串起中心主軸才是最難的。多次因緣際會促成羊堅定信心著手去做，有時在當下看像是壞事一件，過段時間從不同的觀點看又何嘗不是好事一樁呢？就像芭樂，剛買時可能生澀，靜置一兩天後，就變甜了。督促著羊放手、放膽去做，如果沒有這些人的提點和刺激，我仍然還在原地踏步，夢想只是空想永遠做不到，坦白說《金瓶梅》依然還是《金瓶梅》。

貫穿全書的中心主軸是，唯有發掘我們內心最深處的良善，不論歷經多少世

事，日子怎麼難過，羊還是相信著人性本善，日子總是要過下去，那就好好吃頓飯吧！羊採用台灣的有機或無農藥小農栽種的農作物，復原四百年前明朝的食物，經常在製作的過程裡，彷彿數次與廚娘四房孫雪娥對話，體會其中的奧妙，非常有趣的旅程。復原明朝的古老食譜，需要無農藥或有機小農的栽種力量，一起努力才能完成。為了能全力完成此書，羊願意撐起、串連起所有良善的力量，讓良善的力量繼續發揮影響力！讀著小農們生命的故事，激勵著你我前進的動力！

《金瓶梅》全書共出現六百多次的食物名，其中居冠為燒鴨！燒鴨不易做，羊在南投埔里找到驚為天人的阿桐師燒鴨店。有一回，羊在埔里山上精舍，得知師父以彰化秀水岡聯牧場鮮奶加熱後，再加上杜康行有機糙米醋，待乳清乳脂分離後，以紗布過濾乳脂，並以重物壓著，做成牛奶豆腐。後來得知書中亦有相同作法的乳餅（干酪），再探究源頭，早已記錄在距今一千五百年前的北魏《齊民要術》一書中。當我看見師父做出牛奶豆腐，回想起書中王姑子（女尼）在李瓶兒生病時，特別帶了乳餅探望她。內心覺得超激動，我想就請師父幫忙完成乳餅的製作吧！

書中的油煤燒骨更是一絕。羊在南投市的菜市場裡，請教自養自銷黑豬肉的劉太太，能否賣給我帶骨的小排肉，帶圓骨的部位連著肉不要斷掉。劉太太好奇地問要做成哪種料理得如此費工？我說明朝食譜。她更好奇該怎麼做？我說將小排肉煮至熟透，且骨頭能去除，肉不能失去甜度。再將新鮮筍子切至正好小排去骨的大小，塞進原本骨頭的位置，油炸後，再以糖醋排骨的方式料理。羊邊說著烹飪法，周圍聚集愈來愈多婆婆媽媽，紛紛問著怎麼做？那一瞬間，好像羊飛上天，看著羊自己在菜市場裡邊跟婆婆媽媽解釋該怎麼做四百年前明朝食譜，突然有種今夕是何夕的錯覺。

《金瓶梅》發生時間在明朝，知其歷史背景，讀來更容易。西門慶在廟裡遇

見西域來的胡僧，盛情款待後，西門慶索其補藥。那就是元末明初留下來的色目人吧！《金瓶梅》發生地點位在山東運河邊，燕王建都在北邊，而南物北送相當普遍。枇杷荔枝龍眼等南方作物，出現數次，而柑橘更是極少見，潘金蓮為此毒打了偷吃柑橘的奴婢秋菊，更讓人錯愕。至於對金瓶梅的評論，每人都能評論。羊咩咩說書時間，盡量以客觀的角度描述，我想不是每個人都想打開大部頭三本來看，既然作者蘭陵笑笑生在序裡表達得很清楚。我想身為後輩，羊希望能用更好的方式引導和說明作者的用意，跳脫當下的小事糾結，用更寬廣的心面對，藉由筆到之處，讓良善的力量發揮影響力。

每到小農處，看見堅韌的生命力，就能吸飽能量重新出發。小農們要有很靈敏的五官，才能判斷農作物是否成熟？哪些果子能採收了，氣候對農產品的影響例如絲瓜水、蜂蜜等。採訪每一個小農都是羊的學習過程，當羊看見一隻乳牛、一隻蜜蜂或一隻母雞，書上曾說「一隻蜜蜂的生命只有六週，一生只能生產十二分之一小匙的蜂蜜。」牠們延伸出牛奶、蜂蜜和雞蛋，不再無感，而是心存感激。羊想起了亞瑪遜（Amazon）的創辦人貝佐斯曾在普林斯頓大學說過：「善良比聰明還更難。」我想小農們辛苦栽種的有機或無農藥農產品，正足以發揮專業和良善。有時我們總以為人生到了低潮了，其實那才是彈跳回來的時刻，認識小農吸收新知注入新的能量，讓每一天都是有意義的，不景氣等等都是過度時期，唯有充實自己，等待時空的交錯。時間過去了，每天有其存在的意義。

寫作是個學習的過程，讓自己更趨成熟，坦然面對自己內心。就像是打開所有的細胞，感受力增強體會當下，甚至細微到能感受每一道菜漸層的滋味。從沒想過寫作的潛能開發，感官細胞全打開了，就像品嚐一道菜。譬如：澎湖海菜、澎湖花枝丸和薑煮成湯，卻能吃出一絲絲的薑汁蛤蜊湯的清甜。羊想起了法國南部的萬年洞穴遺跡壁畫裡，一步步建構出往外的路，除了鋪好每個階梯每塊石頭，也得把坑內的壁畫都畫好，一切完成走出坑外，陽光出

現了。有時寫作也像乩童上身一般，進入每一個故事，寫完故事再進入下一個故事。

《金瓶梅》古老食譜實作是一大考驗，但明朝食譜教會我好多。羊十七年來看書自學烘焙，悠遊於西方烘焙，對中式烹飪點心所知甚少，更不知可能走向何種境界，一次次試驗完成，愈到最後更覺不捨。因此羊愛上糯米、糯米粉和中筋麵粉，「玫瑰捼穰卷」就是不易做的最好例子，彷彿與四百年前廚娘四房孫雪娥的對話，體會其中的奧妙，找出生命的出口。羊考慮到四百年前可能沒酵母，以老麵種替代，再加上一點點新鮮酵母替代方便現代使用。羊自養的六歲老麵種味道超好，有果香且讓麵團更 Q 彈。全書從文字、食譜實作、擺盤到攝影都是羊一人獨自完成，坦白說每一道食物都非常好吃，原本只是試試看，沒想到卻是出奇地美味，讓人心曠神怡。

出生於中秋節大房吳月娘的最愛「蒸酥果餡餅」，比起任何中秋月餅都來得美味。被潘金蓮戲謔著把西門慶的屁股洗得比別人的臉還白的「茉莉花肥皂」，羊「不辭辛勞」從彰化花壇帶來無農藥無荷爾蒙的新鮮現摘茉莉花，請南投魚池的杜康行完成了茉莉花馬賽皂，成了「白帥帥屁屁皂」。不過其中也有羊不想做的烹飪點心，「雞尖湯」和「荷花餅」讓四房孫雪娥捲入了一場場妻妾奴婢間的明爭暗鬥，甚至被賣入妓院…「燒酥」則是夥計來旺兒的妻子宋惠蓮和西門慶勾搭後，與五房潘金蓮較勁的人生旅程，宋惠蓮在兩次自縊間，西門慶請家僕送來「酥燒」和一壺酒，宋惠蓮氣得想砸掉食物和酒，最後還是以死了結孽緣。羊看見食譜，想起了不堪的故事，有種淡淡的哀愁。

2011 年羊首次到尼泊爾的加德滿都，錯旺師父（Longlife Nepali）說：「第一次來到寶塔前的人，可以許一個願望，一定會實現。」那幾年我過著晚睡晚起的生活，直到某日撞地昏倒了，休養一個月後，決定改變自己的生活。

我想老天爺讓我留下來，我一定得做點什麼，於是我許下以有機、無農藥、減碳和環保為我畢生的志業。如果羊筆下的文字能幫助更多的小農，將小農產品放入麵包點心，幫忙推廣用心栽種的好農產品，我願意。

此書為羊的第五本著作，亦是羊皈依為藏傳佛教弟子後的第一本著作，作為四十九歲的紀念。感謝羊爸媽、所有辛苦的小農們、燒鴨阿桐師和老友陸知慧鼎力相助，不藏私給我最精彩的故事。感謝多傑師父（Kalsang Dorjee Khangsar）幫忙翻譯藏文「暇滿」、蓮心師父幫忙製作乳餅（干酪）和十七年的老朋友亦師亦友韓秀玫總編輯給予鼓勵和支持。

西門慶接收父親留下來的生藥舖，再加上六房李瓶兒、官哥兒（李的獨子）生病時太醫們開的藥方，且書中出現中藥名或藥果脯布。為此羊願能更詳解生活所需醫藥學補充常識，特別感謝彰化花壇慈愛中醫診所的林桂郁中醫師百忙之間願意闢一小專欄，並且和其討論書中的中醫見解，希望能帶給大家生活的樂趣。貼心的林醫師寫出女性的健康護理和孩童的常見症狀如何調理，以她看診時遇到的狀況及在診所推出自家配製肉骨茶包烏梅汁等等，讓羊佩服不已，還有寫書時的壓力導致身體狀況和書中不熟悉的中醫專業，幸好有林醫師可討論，才能讓羊的這本書呈現跨領域的結合。感謝台大醫院張端瑩醫師，定時追蹤細心照顧，才能讓羊全然放心寫書。

羊將邁入五十，我想五十後的日子就要過得像二十。二十歲時沒做過的、想做的都要完成，甚至更瘋狂、更精彩的都要全力以赴。誰知道羊的下一本書會是什麼呢？最後羊想引用希阿榮博堪布所言：「人心是相通的，如果我們護持著心中的善願，其他人必定能感受到它的溫暖。」

黃惠玲 誌於日月潭

第一章

離塵者的關懷，李瓶兒在病中。

岡聯牧場 / 彰化秀水

無調整、
無添加人工化學添加物、
無抽脂均質過、
低溫殺菌、
單一牧場鮮奶

岡聯牧場

店長：李忠孝 0920-981504 / 李貴玟 0952-680898
彰化縣秀水鄉金興村番花路 235-1 號（陝西國小旁）
電話：04-7680898
電子信箱：win.lee7680898@yahoo.com.tw
農產品：無調整、無添加人工化學添加物、無抽脂均質過、
A 級鮮奶、單一牧場生乳和低溫殺菌過鮮奶及其他鮮奶製
品。

岡聯牧場目前共飼養著 280 頭乳牛，
其中 60 頭剛生完牛寶寶的乳牛負責供
乳，每日 2000 公斤，大部分生乳交
給台農，少部分則自行製作每日提供
新鮮鮮奶。

可供餵草的小牛，都是出生一個多月
選擇強壯的小牛才能面對外面的客人。

暇＿滿

每隻小牛右耳都有號碼牌，05K3361 意即 105 年出生，全台編號為 3361。

暇＿滿

「不想吳月娘正在上房穿廊下，看着家人媳婦定添換菜碟兒：李瓶兒與玉簫在房首揀酥油鮑螺兒[1]。」（第三十二回）

「不一時，畫童兒拿上添換菓碟兒來，都是蜜餞減碟、榛松菓仁、紅菱雪藕、蓮子荸薺、酥油鮑螺、冰糖霜梅、玫瑰餅之類。」（第五十八回）

「不一時，迎春安放桌兒，擺了四樣茶食，打發王姑子吃了，然後拿上李瓶兒粥來，一碟十香甜醬瓜茄，一碟蒸的黃霜霜乳餅，兩盞粳米粥。」（第六十二回）

王姑子道：「迎春姐，你把這乳餅蒸兩塊兒來，我親看你娘吃些粥兒。」（第六十二回）

「正說著，只見王經掀簾子，畫童兒用彩漆方盒銀鑲雕漆茶鍾，拿了兩盞酥油白糖熬的牛奶子。伯爵取過一盞，拿在手內，見白激激鵝脂一般酥油飄浮在盞內，說道：『好東西！滾熱，呷在口裡，香甜美味。』那消費力，幾口就呵沒了。西門慶直待蓖了頭，又叫小周兒替他取耳，把奶子放在桌上，只顧不吃。伯爵道：『哥，且吃些不是？可惜放冷了。像你清晨吃恁一盞兒，倒也滋補身子。』西門慶道：『我且不吃，你吃了，停會我吃粥罷！』那伯爵得不的一聲，拿在手中一吸而盡。」（第六十七回）

「只見丫鬟拿上幾樣細菓碟兒來，都是減碟，菓仁、風菱、鮮柑、螳螂、雪梨、蘋婆、鮑螺、冰糖橙丁之類。」（第七十七回）

---

[1] 一種用乳酪制成的甜食。又作泡螺。

羊咩咩說書時間：

「李瓶兒自從獨子官哥兒死後，鬱鬱寡歡，任醫官、胡太醫和何老人看診開藥方，皆未能好轉。王姑子（女尼）親自送來粳米粥、乳餅和配菜十方瓜茄。李瓶兒應該算是西門慶最愛的女人了。李瓶兒病中，西門慶陸續找了四位醫生來，甚至擔心誤診，同時找來兩位醫生，讓趙太醫和何老人先後看診，再討論如何下藥。西門慶一生風流倜儻，除了家裡眾多妻妾外，外頭的女人只要稍有姿色，不論對方結婚與否都想得到。相對之下，西門慶對李瓶兒的愛更顯得難得可貴。」

羊讀至此，全書唯一出現一次的「乳餅」，到底為何物呢？

直到某日，羊在南投埔里山上某精舍，得知師父以彰化秀水岡聯牧場鮮奶加熱後，再加上南投魚池杜康行有機糙米醋，待乳清乳脂分離後，以紗布過濾乳脂，並以重物壓著，做成牛奶豆腐。再往前溯源，成書距今一千五百年前北魏的《齊民要術》，亦有相同乳餅（干酪）的作法。當我看見師父做出牛奶豆腐，回想起書中王姑子在李瓶兒生病時，特別帶了乳餅探望她。羊內心覺得超激動，我想就請師父幫忙完成乳餅的製作吧！

至於「酥油白糖熬的牛奶子」，就像「白瀲瀲鵝脂一般酥油飄浮在盞內」，那不正是加熱鮮奶，乳脂浮在表面的奶皮子嗎？市

售大部分鮮奶早已抽掉乳脂、均質過，甚少加熱後還能產生奶皮子，那一層奶皮子也是營養豐富的乳脂。因羊想找生乳製作乳酪，因緣際會找到位在彰化縣秀水鄉的岡聯牧場。

好喝的咖啡牛奶，需要好的咖啡加牛奶。羊曾試過不同牌子的牛奶，加入摩卡壺煮出來的咖啡。廣告不小、號稱低溫殺菌、價格頗高的某牌鮮奶，加入咖啡後，一股中藥味撲鼻而來。羊超愛喝鮮奶，除了水以外，喝最多的應該就是鮮奶了。那些調整過號稱濃醇香的鮮奶，羊絕對不試，因為真正的鮮奶喝起來像水，而非濃醇香。還有某牌長久以來羊覺得還不錯，無調整鮮奶，加熱後喝居然胃痛，真不知其內加了什麼。我相信人是會順著內心，找到對自己最好的食物。

羊曾到過蒙古國旅行三次，永遠忘不了第一次從首都烏蘭巴托搭乘吉普車前往蒙古國西北邊庫蘇古泊，單程交通費時兩天一夜，沿途無住宿地點，當地人準備了帳篷，但卻忘了帶帳篷支架。吉普車司機說為了安全起見，我們只能跟牧民借宿一晚。接近黃昏時，司機幫忙找了牧民，商量車子停在外面借宿一晚，夜裡更冷了，在前不著村、後不著店的廣袤蒙古草原上，熱情的牧民讓我們感動。傍晚蒙古包外，牧民正擠著牛奶。晚上牧民將生乳搬進蒙古包裡的鍋子內加熱，牛奶是他們唯一的晚餐。那晚好冷，我們跟著牧民圍在爐子旁，牧民遞給我們每人一碗熱騰騰的牛奶。我永遠忘不了那碗熱牛奶，好喝、無添加，溫暖了我們的心，那是我這輩子喝過最好喝的鮮奶。

當晚狹小的蒙古包裡，牧民讓出了一張單人床，羊因年紀較長，

睡在單人床上，而同行友人和蒙古翻譯睡在地上。地上還睡著另一隻剛出生兩天的小牛，牧民擔心小牛著涼了。母牛也掛記著小牛，整晚在蒙古包外哞哞叫著小牛。蒙古人的熱情，幫助著不認識的旅人，就像八百年前成吉思汗的時候。

多次試驗後，羊愈來愈喜歡岡聯牧場生產的鮮奶。幾次來不及直接到產地購買，羊問岡聯可以幫我冷藏宅配嗎？就這麼地，羊跟岡聯牧場愈來愈熟了，呵呵，包括和牧場的小牛們。岡聯牧場門市店長太太貴玫曾說：「乳牛和人一樣，生產後乳牛媽媽會漲奶很不舒服。」直到我和店長李忠孝約好參觀牧場的那一天清晨，李店長表示擠乳區先讓乳牛們吃飽後再擠奶，專人先幫乳牛們洗淨乳房，再以微電腦感應擠奶設備擠奶，擠完即掉落，避免沒擠完導致牛得乳腺炎。我想這就是用人性的觀點照顧牛吧！

民國 59 年，省農會輔導農民轉型養乳牛。彰化秀水的金興社區為全台最早轉型為酪農業的示範區，每戶分配飼養兩頭來自荷蘭荷士登品種的乳牛，推廣期間全區大約有五十戶養牛，至今僅剩四家。而岡聯牧場目前共飼養著 280 頭乳牛，其中 60 頭剛生完牛寶寶的乳牛負責供乳，每日 2000 公斤，大部分生乳交給台農，少部分則自行製作每日提供新鮮鮮奶。

羊很好奇乳牛的生長過程，0~18 個月為牛小姐，懷胎 9 個月又28 天成為牛媽媽，小牛剛出生約三十多公斤，成牛約七、八百公斤重。自家配種則以液態氮保存美國公牛的精子。羊直到參觀乳牛媽媽區時，發現牛媽媽都好大隻啊！原來那些在門市店面旁可供餵草的牛，原來只是小牛啊！每隻小牛右耳都有號碼牌，

譬如：05K3333 意即105年出生，全台編號為3333。成為牛媽媽後，避免打架後耳朵上的編號掉落，身上會有烙印。

順便一提，門市旁可供餵草的小牛，都是出生一個多月了，選擇強壯的小牛才能面對外面的客人。貴玟笑著說：「剛放到餵草區的小牛，前兩週面對客人都很生疏。直到兩週後，幾乎都會飛奔而來。」果然是動物以人的規格對待，就會像人的樣子。羊每次到牧場，總是在柵欄旁大喊著：「牛牛！」牛牛們總是飛奔而來，熱情地舔著羊蹄。羊總是舉著沾滿牛唾液的羊蹄再次走進門市說：「不好意思，借一下洗手台。」

為了讓自家乳牛能吃到最新鮮的牧草，岡聯自家栽種國產芻料盤古拉草，另外配合 TMR[2] 完全混合日糧。尼羅草、狼尾草和青

---

[2] 「完全混合日糧」（Total Mixed Ration = TMR）

割玉米飼料，也是乳牛的主食。牛媽媽剛生產完第一週黃色初乳給牛寶寶喝。在亞熱帶地區，乳牛一生大約懷胎三至五胎。羊參觀牧場時，正是乳牛們吃早餐的時間，柵欄外放著成堆的新鮮牧草，每隻牛的個性不同，吃草的樣子也不一樣。有些先吃前面、再把外圍的牧草掃完；有些先吃外圍一圈、再把中間的牧草吃掉；還有調皮搗蛋型的乳牛咬住牧草用力往上一甩，瞬間頭上散佈著牧草，她口中接住掉落少數的牧草，慢條斯理地咀嚼著。一頭乳牛一天大約吃13~15公斤的牧草。羊很好奇新鮮牧草的味道如何？蹲下來，抓一把聞一聞，好香的牧草啊！抬頭一看，乳牛正盯著我。

牛的眼神裡透露出溫柔，什麼都不用說，她好像懂得一切。有一回，羊心情不好，默默走近柵欄旁，羊沒喊牛牛，十多頭小乳牛飛奔而來，爭先恐後地搶著舔羊蹄，瞬間羊被療癒了。我想動物和人還是要保持距離。乳牛飼養者有著工作上的風險，尤其是乳牛發情時。李岡明場長表示，養一隻乳牛就像養一個孩子。牛媽媽經過10個月懷胎後分娩，那一夜得隨時注意分娩狀況，如遇難產得緊急人工接生，直到牛寶寶安全落地。接著經過18個月的養育成牛，人工受孕懷胎成為牛媽媽，生小牛才會泌乳。每天必須擠兩次奶，每次間隔12小時，泌乳量約30公升。除此之外，還要隨時注意乳牛身體健康、生理變化及以備雨季和颱風的牧草庫存量。

健康的乳牛活蹦亂跳，鼻子會有水氣。生病的乳牛，會流鼻涕、食慾不好。如患乳腺炎，擠出來的奶像豆花，得吃藥注射軟膏。睡覺時睡在像斜坡的高床軟墊上，讓乳牛容易趴著。乳牛最怕

暇＿滿

熱，活動空間上方有多具超大風扇設備。乳牛最怕吃到牧草內有鐵釘、鐵絲或塑膠袋，易造成胃穿孔，就來不及了。如吃到乾牧草長黴菌，易拉肚子。當乳牛吃早餐後準備擠乳的同時，李場長不時地在乳牛睡覺區噴水清潔乳牛的床墊，讓乳牛能有舒適的空間。

李店長解說著全場分五區：小犢牛區、小女牛區、懷孕女牛區、泌乳牛區和乾乳及生病區。剛擠的生乳約 40℃，比人體平均溫度多兩度多，羊伸手觸摸著擠奶桶外仍是溫的。連接微電腦感應擠奶器的末端管子上，還有過濾網預防雜質。門市牆上的舊照片裡，有著羊在斯里蘭卡旅行時曾見過運送水牛乳的鐵製大牛奶桶。羊問：「這桶子還有嗎？」李店長表示還有，桶子重約 5 公斤，內裝 25 公升。我想從食物的源頭探尋，岡聯牧場認真用心地照顧每一隻乳牛，其產出的生乳品質一定更好。

「天噸牛」意即具有超高產乳量的乳牛，以一頭牛一年可達十噸
重的泌乳量為標準，而「天噸」英文為 Ten Tons（十噸）。岡聯
牧場曾得到「天噸牛」兩次冠軍。市面上鮮乳的選擇愈來愈多，
除了國產鮮乳外，進口乳品近年來也不遑多讓。

好鮮奶到底該怎麼選呢？濃醇香？還是容易打成奶泡呢？真正好
的鮮奶，其實喝起來像水，味道有一點點天然的甘甜，會讓人想
一直喝，岡聯的鮮奶就像是我在蒙古國草原喝過的鮮奶好好喝。
因其不添加人工奶泡劑，所以無法打成奶泡。對羊而言，我只要
純正鮮奶，能喝出大自然的甘甜滋味，任何人工添加物都是不必
要的。其鮮奶加上雙比菲爾菌以優格機做成優格，就像在蒙古吃
過最好吃的天然優格。

岡聯牧場真的不大，但其自製鮮奶至今仍然堅持無調整、無添加

（任何香精、香料、鹿角膠等）、無均質過（品質穩定 A 級，不需抽掉乳脂，表面會有一層厚厚的乳脂）、低溫殺菌（保存更多營養）、單一牧場（不收購別家生乳，只用自家牧場）、無添加消泡劑、無添加奶泡劑、無添加濃醇香香料等。而且鮮奶有分等級的，岡聯總是得到品質 A 級且排行第一名。品質評比內容為體細胞數、生菌數和乳脂肪率，而岡聯牧場場長李岡明也是獸醫科畢業的。我們總是相信廣告，但鮮奶到底來自哪裡、飼養乳牛的過程、乳牛吃哪些食物、生乳殺菌過程、是否添加不該加的東西等等，其實這才是我們更該關心的。

李店長將剛擠好的生乳，送至殺菌室。以二重釜隔水加熱，採 LTLT 低溫長時間滅菌法（德菲爾法），並以 88℃ 持續 10 分鐘再降溫 20℃，煮完再過濾分裝瓶內。因其採低溫長時間殺菌，保留更多營養，保存期限只有八天。牧場的工作很忙碌，李店長邊接受採訪邊趕著工作。工作桌旁和烘焙食譜上貼著各種激勵標語，羊很感動。為了增加店面產品多樣化，李店長夫婦採用自家鮮奶，自行製作各種甜點、優格和包子饅頭等，至於門市外和貨車上的可愛牛牛圖案都是李店長畫的。貴玟笑著說：「一開始我先生將貨車外頭畫成彩色的牛，不符合監理所規定，後來全部重畫。」

李岡明場長夫婦每日清晨即起，忙著牧場照顧乳牛、擠牛奶等等；李忠孝店長夫婦忙著生乳殺菌裝瓶到製作各種鮮奶產品；李家媽媽負責種菜，無農藥栽種、佐以牛糞和牛奶灌溉，運氣好時，能在門市買到李媽媽栽種的蔬菜。土黃色貴賓狗和野狗的混種「波蜜」是牧牛犬，更是牛牛們的好夥伴，跟著牛牛到處玩

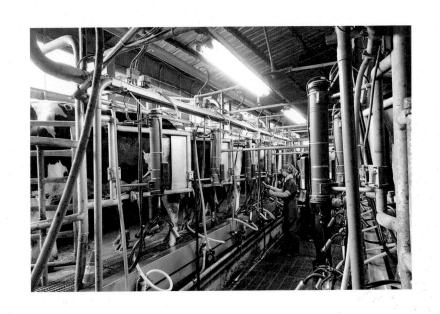

耍。這就是李家的牛奶生活。

94年石油危機、金融海嘯、經濟不景氣和WTO，生乳過剩工廠減量收購，岡聯牧場走過最困難的日子，94年元月一日才開始少量自製鮮奶。我想讀著小農生命的故事，激勵著你我前進的動力。唯有認識小農，不要只相信廣告，走出家門親自到酪農的農場看一看，這些牛奶真的得來不易；羊心存感謝，不浪費任何一滴鮮奶。我們不可能為了喝鮮奶而去養一頭乳牛，但岡聯牧場願意用照顧孩子的心來照顧乳牛，並且不在鮮奶裡添加任何人工化學添加物，我想唯有支持用心的小農，讓他們願意堅持下去，讓我們用小小的購買力，來創造最大的影響力吧！

干酪製作

製作乳餅的流程

乳餅（干酪）

材料：

岡聯牧場鮮奶或生乳 .... 1836 毫升（一大瓶裝）
杜康行有機糙米醋 .... 30 毫升
豆漿布 .... 一個

作法：

1. 以中火將鮮奶煮至旁邊冒泡，約 85℃ 左右，加入有機糙米醋，再煮約 5 分鐘，呈現乳脂、乳清分離的狀態，取另一鍋，固定好豆漿布，將乳脂乳清同時倒入，乳脂留在豆漿布內，將豆漿布內的乳脂綁好，用重物壓好，靜置約半小時到一小時，完成乳餅（干酪），即可打開，以刀切片。在鍋內，倒入一點點橄欖油，以油煎乳餅，再撒上一小匙有機醬油，若不足，可再撒上些現磨玫瑰鹽。煎至表面微金黃即可食用。

2. 乳清營養多，可加入進口氣泡水或通寧汽水，自行調配喜愛的味道，做成乳清飲料。沒使用完，皆放置冰箱冷藏，盡快食用完畢。

暇＿滿

玫瑰捻穰卷

材料：

未漂白中筋麵粉 .... 365 克（多餘撒粉用）

新鮮酵母 [3] .... 10 克

水 .... 190 毫升

無農藥食用乾燥玫瑰花 [4] .... 5 克

有機砂糖 .... 50 克

作法：

1. 將新鮮酵母、水和麵粉混合均勻，放入盆內，蓋上毛巾或保鮮膜，靜置在室溫27~30℃處發酵約1小時 [5]，呈原來的一倍大。

2. 將麵糰分成兩個，桌上撒上麵粉，麵糰沾上麵粉，用擀麵棍擀開，平均撒上玫瑰花瓣和有機砂糖，捲成細長條，再用刀子切成每塊約 4 公分長，放入蒸籠的烘焙紙內，再將每個麵糰切口朝上放，稍微撥開玫瑰花處，再靜置發酵約 20 分鐘，大火蒸約 15 分鐘 [6]。

心得：

以前羊曾喝過乳清飲料，後來才知原來使用乳清自行製作即可，味道很好。製作乳餅加入的有機糙米醋多寡，將影響著乳餅的軟硬度，但得考慮乳清想繼續使用而不至於太酸，有機糙米醋建議不要加太多。製作玫瑰捻穰卷，過程有些困難，四百年的明朝，酵母取得不易，原本該用老麵種製作，但考慮讀者養老麵種可能不太容易，且得持續餵養，羊將其換算成當今易得之新鮮酵母。未漂白中筋麵粉、新鮮酵母、水和羊自製玫瑰糖交織成明朝的玫瑰捻穰卷。試做的過程裡，多次嘗試，就像與四百年前西門大府掌廚的四房孫雪娥對話，體會其中的奧妙，非常有趣的旅程。

---

[3] 新鮮酵母為乾酵母或快速酵母的 2~2.5 倍。羊建議使用新鮮酵母，因為其不含乳化劑。新鮮酵母得放置在冰箱冷藏，請記得帶保冷袋購買新鮮酵母。

[4] 請留意玫瑰花得採用食用級、無農藥。

[5] 酵母在 25℃ 以上才能有活動力，若超過 30℃，得將發酵時間縮短。

[6] 可放置約十人份電鍋，兩籠。

彰化花壇慈愛中醫診所｜林桂郁中醫師

牛奶 / 優格（酸奶）

嬰兒喝母奶成長，因為母奶當中有完善的生命養份；人類也從牛身上取得原本要給小牛喝的牛奶。但是，新鮮的牛奶保存不易，因此很久以前人們學會製造酸奶。

酸化，是一種分解過程，但不代表養份就因而流失，乳酸菌將牛奶中的乳糖轉變成乳酸，將大分子酪蛋白分解為較小分子或胺基酸，讓牛奶更易被腸道消化、吸收。

以下推薦超有生命力的優格新吃法！

生穀粥

食材：

兩大匙有機黑麥或大麥或燕麥（整顆穀粒，非穀片）或糙米、自製優格、少許水果、少許堅果。

方法：

將兩大匙新鮮穀類磨成細粉後，加入冷開水（不要用牛奶），剛好淹過穀粉，浸泡一整夜。約過 8~12 小時後，加入優格（不要用牛奶）、一些當季水果和堅果，即可享用。

注意事項：

- 穀粒在吃之前 12 小時磨粉才能保留生命力，不能事先磨好存放；磨粉時注意不能過熱。
- 水果建議加壓碎的香蕉，增加甜味，幫助入口，千萬不要用糖或太甜的水果，如葡萄。

有醫學研究證實，每天吃生穀粥，連續四到五週後，會強化免疫系統，對於重複性感染疾病，如感冒，會有幫助。但在這段期間，要避免食用所有含糖食品（餅乾、糖果、糕點、巧克力等）和增甜食物（蜂蜜、楓糖漿等）。

第二章

密約隔牆夫，謀取六房心。

杜康行 / 南投魚池

MOA 有機釀造

有機糙米醋

有機水果醋

馬賽皂

有機香菇和香菇乾

杜康行

賴鴻文、蕭湘蓮
著作:《日月潭畔思無邪》(南投縣政府文化局編印)
地址:南投縣魚池鄉大林村華山巷 24-5 號
電話:049-289-5479
網址:www.dukang.com.tw
如何購買:網上或電話訂購

推薦農產品：

有機糙米醋之釀造，善用了大量有機糙米，間接鼓勵了稻米之有機種植，活化
而保護了台灣土地，不使繼續沉淪於農藥與化學肥料之污染，其副產品乃糙米
餘料，更是滋養大地之最佳有機肥料。

陶甕釀造有機糙米醋、有機梅子醋、有機紅麴醋、有機黑豆醋、有機鳳梨醋、
有機蘋果醋、百香果醋、桑椹醋、甜菜根醋、蜂蜜醋、馬賽皂和有機香菇。

另外老松醋，無農藥松針浸泡在有機糙米醋內，喝起來有種仙風道骨之感。

台式油醋醬食譜：

把有機糙米醋滴入醬油即可當沾料或拌菜。

義式油醋醬食譜：

把有機糙米醋滴入初榨橄欖油，再加鹽攪拌均勻，即為義式油
醋沙拉醬。

泡菜食譜：

高麗菜半顆，辣椒、小黃瓜酌量，洗淨瀝乾，靜置一夜脫水，
放入有機糙米醋約 50 毫升，糖適量（所有材料多寡自由增減），擺
冰箱冷藏 3~4 日，即成最佳泡菜。

有機水果醋食譜：

有機糙米醋：水果：糖＝1：1：0.8% 或 1：適量：0.4%。
乾果或花草醋增加糖能萃取水果的精華，記得有機糙米醋要蓋
過水果。切片的水果醋約靜置45天，乾果或花草醋約一個月，
沒切片的水果醋或梅子需靜置一年。

（以上資料由杜康行提供）

「西門慶道：『我等著丫頭，取那茉莉花肥皂來我洗臉。』金蓮道：『我不好說的，巴巴尋那肥皂洗臉，怪不的你的臉洗的比人家的屁股還白！』那西門慶聽了，也不著在意裡。」（第二十七回）

羊咩咩說書時間：

西門慶剛得知李瓶兒懷孕了，開心得很。這是西門慶的第一個孩子，對於五房潘金蓮說上啥，都不在乎了。李瓶兒曾有兩段婚姻，第一任丈夫是花子虛，第二任招贅中醫師蔣竹山，幾番波折後再嫁西門慶為六房。李瓶兒和西門慶原本是鄰居，在花子虛總是上酒家時，李請西門慶多次勸丈夫回家，期間兩人早有曖昧情懷，西門慶數次趁花子虛不在家，翻牆爬進李瓶兒家裡偷情。未入門前，李瓶兒先跟西門慶的大房、二房、三房、四房和五房搞好關係，贈送禮物及邀約妻妾們一起在元宵時賞花燈。對西門慶而言，李瓶兒擁有眾多貴重的家產布匹首飾，自從迎娶三房孟玉樓後，更懂因娶妾而變得更富的道理。

《金瓶梅》全書唯一出現西門慶等著的「茉莉花肥皂」，到底為何物呢？

茉莉花肥皂需要眾人的力量才能完成。羊找了彰化花壇鄉農會花

壇會館栽種無農藥新鮮茉莉花，請杜康行以製作馬賽皂的方式製成。

江渚漁樵〈漁歌子〉

江渚漁樵風月慣
懶看濁世虛名
夏蟲嘈擾到公卿
時來皆得意
冬至盡歸零

貪賞雲霞蒸泰嶽
忘將利祿謀營
流星飛處享孤征
文章酬逆旅
寂寞慰平生　　　　　　　── 賴鴻文

近日天氣熱得哪兒都不想去，烤箱更是完全不想碰。每天想盡辦法躲在陰涼處，總希望酷暑趕快過去。在家搜尋消暑飲料的時候，看到了杜康行超好喝的蜂蜜醋，讓我回憶起兩次造訪杜康行的美好記憶。2006年初，順著某家釀醋的標籤，找到了杜康行。初聞其名，「杜康行」應該是釀酒，怎麼改釀醋？

賴鴻文大哥南投縣魚池鄉人，高中就讀於新竹中學，再細問為何讀新竹中學？答案是因為想學游泳，那應該就是對「海」的渴

望吧！賴大哥表示從國中到高中，都是自己下決定的，大學聯考只填四個科系，兩個航海兩個數學系，想讀航海系為了能自由自在，後來就讀於海洋大學航海系。

他畢業後實習、當兵到跑船，年輕時曾擔任二副，航海四年，遨遊五大洲近八十國。賴大哥博學多聞，而他的幽默風趣豁達開朗，更是讓人特別想親近。愛詩的他做過律詩絕句數百首，還曾得過南投縣的古典詩詞第一名[1]。他拉得一手好二胡，認識賴大哥十一年來，羊每次上門請益，他總是不吝指引迷津。

羊很好奇跑船的日子，賴大哥笑著說：「就像班車、班船等，我們跑的船比較像野雞船，船長170米。去程載鋼材，回程到澳洲載礦產等。我在船上閒暇時讀了很多世界名著。」下船後，在台北的船運公司工作六、七年，擔任業務經理。他於三十九歲回到故鄉魚池，在日月潭的船屋釣魚一年多，這些經驗都成為他日後作詩的素材。

他思考著一個人從都市到鄉下，哪些不是他能做的，找出一條生路來。有很多思考、實驗和運氣。基本思考從靠山吃山開始，山要怎麼靠呢？剛開始包檳榔園，先拿出一筆錢包下一大片的檳榔林，接著等採收販售，以獲取中間的價差利潤，但包檳榔園像賭博，得看每年的價格。之後種香菇太累，剛好朋友送來刺蔥酒，心想釀酒也不錯，試著釀出養生刺蔥酒，品質優良賣得不錯。當時因 95 歲的祖父去世，過了好一段時間，所釀的酒被時光醞釀

---

[1] 著作：《日月潭畔思無邪》（南投縣政府文化局編印，2007 年 12 月出版）

成了醋。這也是「杜康行」為何釀醋不釀酒的原因。或許是詩人性格使然，他一點不像商人，經常幫助農友；農友沒錢付款買有機糙米醋時，他總是說等賣掉水果醋時再付款；農友的水果醋滯銷時，他也會廣為宣傳。

羊第一次拜訪杜康行時，工廠平時不對外公開，賴大哥破例讓我參觀，我驚喜地瞪大眼睛連話都說不出來。抵達工廠大門，隨著鐵門啪啦啦往上緩緩移動，陣陣天然發酵的米醋香撲鼻而來，我忍不住趕緊多吸幾口，眼前彷彿出現日本烹飪節目「料理東西軍」的釀醋達人……大門完全開啟，我張大了嘴，眼前是從沒見過的景象：上百個蓋上白布的水里製大陶缸裡正是美妙的有機醋在發酵中……牆角錄音機正在播放古典音樂，原來杜康行的有機醋，二十四小時都是聽古典音樂長大的啊！正慢慢地等待著時間帶來美好的滋味。

我們問賴大哥：「為何市售的有機糙米醋只有酸味而不香？」他解釋，那是因為使用酒精發酵，而非完全以有機糙米作為發酵的基礎。回家後，我們試過兩者的差異，發現只要喝過杜康行的有機醋後，絕對不想再喝別家的醋。

他說明了製造有機糙米醋的過程。分成三步驟：將有機糙米洗淨，放入瓦斯鍋炊煮，蒸熟後加入麴菌，均勻攪拌冷卻，放入陶甕裡做成酒釀，費時一週。再將酒釀做成米酒，費時一個月。最後將米酒做成米醋，費時三個月。而釀醋的每一個階段都有檢驗，剛開始發現蒸熟的有機米含有鋁成份，仔細追查源自瓦斯鍋的內鍋，內鍋是鋁製的，蒸飯後鋁的成份被帶到有機米飯裡。為

暇＿滿

此，杜康行將瓦斯鍋的內鍋做了保護膜處理，從此檢驗再也沒有含鋁的成份了。賴大哥細心提醒，家裡的不銹鋼電鍋蓋子是否亦為不銹鋼呢？羊採訪時發現，杜康行蒸煮有機米飯的濾網材質也是不鏽鋼。若要釀成水果醋，則以有機糙米醋為基底，加入有機水果放入陶甕內，最少再釀三個月。

賴大哥很喜歡國內外傳記，從書中得到主人面對困難時，如何解決問題。從傳記裡綜合出適合我們解答的模式。他從魚池鄉最大的一條街魚池街上觀察他們做什麼？他反問自己：務農不可能、開店不可能、公務員沒資格、勞力不可能。分析著自己能做什麼，才想做到務農又不像務農，從包檳榔園、種香菇，經營模式和生活不同，轉型酒到醋。賴大哥總能說出讓羊頗激勵的話語，他富有哲理地說：「就像大道亡羊，每個叉路都有自己的天空，每個叉路都有不同的世界。」

他相信不怕轉彎，自己的能力和性格，不斷地尋找自己的天空。從草創期到做好有機醋，接觸到的客人，都是追尋健康的人，有人為了養生或是生病而來。自己接觸久了，也建構出自己的養生模式，結交了很多思想心靈追求的人，建立起自己最合適的養生方法，維護著家人和朋友的健康。他說這是做有機醋，最有價值的一環。

他接著說陌生的工作，從不懂、錯誤到損失，不懂時幸好有朋友幫忙提供資訊，其中也包括著傳記古人教我們尋找答案。從犯小錯，從中學習，才能避開大錯誤，他深深感謝。賴大哥又說：「一個成功的人來說，過去的錯誤，是為了成功而準備；一個失

敗的人來說，過去的成功，是為了失敗而準備。所以不怕犯錯，因為任何負面的事件，都能找到其積極的意義。」

除了有機糙米醋和水果醋外，杜康行也生產橄欖油成分佔72%的馬賽皂、有機新鮮香菇和有機香菇乾。香皂的鹼性太強，得用自然酸去中和，用自家生產的有機醋調和過的馬賽皂很溫和，就像是嬰兒皂。有機香菇則從今年9月底開始生產，為何想做有機新鮮香菇和有機香菇乾呢？賴大哥認為年屆退休之齡，景氣變動大。只有生產有機糙米醋，擔心員工們以後發展不大，若多一個民生必需品，依靠穩定後才能全然退休。再加一個產品項目，花費不會太大，且其種植方式不若過去辛苦，那就值得做。多一個有機香菇品項的目的，不在做一個事業，而是期許未來的人有工作做。他慢慢地說：「遠見於未萌，避禍於無形。」

他又說為何要準備？因為高築牆（保護自己）、廣積糧和勤練龜息

大法，一口氣當三口氣用。端看未來的經濟狀況，保平安積福壽。每個人有不同適合自己的模式，基本上離不開這些模式。他說曾有朋友面臨人生的抉擇轉行，賴大哥建議「今天的努力，明天用得著，甚至二十年後也能用，這樣的工作就能做。」經過二十年，他的朋友聽從建議，目前已經成為業界裡的行家了。今天付出未來永遠能享用，人生的路就有機會，愈走愈寬愈順。

賴大哥表示從高中時很喜歡國文、古人思考文學等，而釀酒的時候有足夠的時間作詩。李白可作詩，我為何不可呢？他說我有古詩可讀、可參考李白，且李白沒電腦。他不改幽默風趣說，古人什麼都寫過了，我只剩下自己的思想可寫了。來首打油詩說明一下情況：

「古來詩人萬萬千
　可憐天上一嬋娟
　翻來覆去窮歌頌
　總覺抄自哪一篇」

離開工廠，車子沿著三育基督教學院的路往下開，正在三叉路口等紅綠燈，賴大哥回過頭跟我說了這段話：「當我在你這個年紀的時候，每年都會覺得自己學到了新的東西。事實上，如果什麼時候你發現自己已經不再有這種感覺，那人生的高點恐怕已經過了。」

想想自己，學校畢業後，在社會上工作打滾了近三十年，運氣好的時候可能遇上好的老闆或主管，但坦白說，這種機會非常少。

好的主管閱歷之廣，能帶著你更上層樓，甚至教導你人生的經驗。賴大哥給我的感覺，即是如此。曾經有個報導，挪威人有百分之九十多的人覺得自己很快樂；當我郵購收到挪威毛衣時，感到特別開心，或許是因為織毛衣的人都很快樂！同理可證，快樂的賴大哥釀出來的有機醋，絕對會讓你舒服得五體通暢。

暇＿＿滿

頂皮酥餅

材料：

未漂白中筋麵粉 .... 150 克（分成 50、100g）
法國伊思尼無鹽發酵奶油 .... 75 克（分成 25、30、20g）
室溫水 .... 20 克
芒果乾 .... 30 克
糖漬洛神花 .... 30 克
松子 .... 30 克
有機砂糖 .... 10 克
全蛋液 .... 少許

作法：

1. 酥皮做法
油酥：取麵粉50克和奶油25克混合均勻，做成油酥，分成四個。
油皮：取麵粉100克、奶油30克和室溫水20克混合均勻，做成
　　　油皮，分成四個。
2. 油皮包油酥，壓平，用擀麵棍擀開，捲起，再擀開。
3. 果餡做法：將芒果乾和糖漬洛神花剪小塊，加入松子、
　　有機砂糖和奶油20克，混合均勻，分成四份。
4. 再將酥皮包入果餡，收口朝下。表面塗上全蛋液，入爐烘烤。
　　上下火為210℃，烤約24分鐘。

蒸酥果餡餅

材料：

皮材料：

未漂白中筋麵粉 .... 300 克
有機砂糖 .... 100 克
法國伊思尼無鹽發酵奶油 ..... 100 克
溫水 .... 80 克

果餡材料和做法：

將芒果乾和糖漬洛神花各 60 克剪小塊，加入松子 60 克、有機砂糖 20 克和法國伊思尼無鹽發酵奶油 40 克，混合均勻，分成 23 份。

作法：

1. 先將未漂白中筋麵粉放在蒸籠內的烘焙紙或是豆漿布上，大火蒸約 20 分鐘後，趁熱取出，過篩麵粉待涼。

2. 將熟麵粉加入有機砂糖和無鹽奶油，混合均勻，分成每個 25 克。將皮包入果餡，放入小菊模內塑型，取出，收口朝下，表面刷上全蛋液，入爐烘烤。

心得：

《金瓶梅》裡食物的情節，不是慶祝活動，就是送禮物點心喬事情等。
夥計韓道國的弟弟韓二和幾個混混鬧事，韓道國的太太王六兒一狀告
到西門慶，西門慶把他們都抓起來送衙門，這些混混的家屬緊張得不
得了，託關係找人打理這一切，西門慶的酒友應伯爵找上了書僮，給
了銀兩買頂皮酥餅菓餡餅兒、搽穰捲兒、燒鴨、雞、魚、蹄子和金華酒
送給李瓶兒，希望她能美言兩句，勸勸西門慶把那些混混都放了。清朝
袁枚著《隨園食單》其中的「劉方伯月餅[2]」和「作酥餅法[3]」曾提過「作
酥[4]為皮」做成月餅皮。而清朝顧仲著《養小錄》其中「餌[5]之屬」的「頂
酥餅[6]」和「果餡餅[7]」也曾提過「生面，水七分，油三分，和稍硬，是
為外層（硬則入爐時，皮能頂起一層。軟則黏不發松）。生面，每斤入糖四兩，油和，
不用水，是為內層。擀須開折，多遍則層多，中實果餡。」

至於那蒸酥果餡餅，那可是大房吳月娘的最愛。西門慶搞上夥計賁四的
太太賁四嫂，她擔心被妻妾們說嘴，問家僕玳安該怎麼做，玳安建議送
上大房平日好吃的蒸酥。大房問了誰送的，最後還是收了，回送饅頭和
菓子給她。直到東窗事發，吳月娘氣得直說難怪當初送了蒸酥果餡餅給
我。清朝朱彝尊著《食憲鴻秘》裡的「蒸酥餅[8]」解開了蒸酥如何製作？
「籠內著紙一層，鋪面四指，橫順開道，蒸一二炷香，再蒸更妙。取出，
趁熱用手搓開，細羅羅過，晾冷，勿令久陰濕。候干，每斤入淨糖四
兩，脂油四兩，蒸過干粉三兩，攪勻，加溫水和劑，包餡，模餅。」蒸
過的麵粉更細，更容易操作，烘烤後口感更綿密。

---

[2]《隨園食單》清朝袁枚著 / 譯 / 三泰出版社 P.252。
[3]《隨園食單》清朝袁枚著 / 別曦注譯 / 三泰出版社 P.260。
[4] 作酥：用油和麵粉，使麵粉發酥，做成一層層的酥皮。
[5] 指糕餅一類的食物。
[6]《養小錄》清朝顧仲著 / 劉筑琴注譯 / 三泰出版社 P.66。
[7]《養小錄》清朝顧仲著 / 劉筑琴注譯 / 三泰出版社 P.68。
[8]《食憲鴻秘》清朝朱彝尊著 / 張可輝編著 / 中華書局 P.56。

彰化花壇慈愛中醫診所 | 林桂郁中醫師

有機蘋果醋 — 女性骨盆腔發炎

身為一個女中醫師，臨床上常遇到很多女性朋友對我訴說難言之隱：「妹妹癢癢」。

私密處搔癢最常見的原因不外乎是濕疹、白帶和感染所致。以中醫來看，這些問題最根本的病因常是下焦虛寒、水濕滯留，造成下半身濕氣太重繼而引發濕疹或感染等問題。

我該怎麼辦？

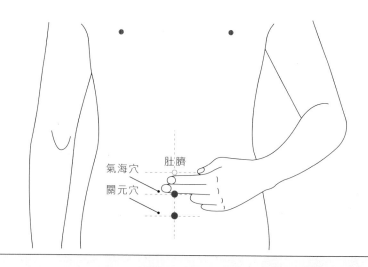

氣海穴
肚臍
關元穴

◎ 首先：不能吃冰冷的！不能吃冰冷的！不能吃冰冷的！包括生冷屬性的蔬果喔！

◎ 常常以暖暖包或熱水袋熱敷下腹部，或是艾灸下腹的神闕穴（肚臍）、氣海穴（肚臍下兩指寬）、關元穴（肚臍下四指寬），幫助骨盆腔循環，加速水濕代謝。

◎ 若是在發作期，可以用稀釋過溫和的醋水坐浴：用一般浴盆裝略高於體溫的溫熱水，放入3~4湯匙的醋（有機蘋果醋最好），混合均勻後浸泡下半身約5分鐘，每日持續不間斷，直到症狀改善為止。

◎ 發作期可以每天在內褲底滴一滴有機茶樹精油，症狀改善後，持續使用至少一周可預防發作。

第三章

十件挨光記，茶房戲金蓮。

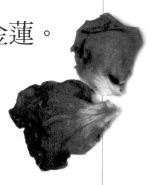

花壇農會 / 彰化花壇

無農藥無荷爾蒙新鮮茉莉花

54

55

暇＿滿

茉莉花壇夢想館

花季 5~9 月
產品：新鮮無農藥無荷爾蒙茉莉花

總幹事顧碧琪
電話：04-7877558
地址：彰化縣花壇鄉花壇村（街）273 號
http://www.jasminehuatan.com.tw/

暇＿滿

「西門慶問道：『吃的是什麼酒？』玉簫道：『是金華酒。』西
門慶道：『還有年下你應二爹送的那一罈茉莉花酒，打開吃。』
一面教玉簫旋把茉莉花酒打開，西門慶嘗了嘗，說道：『自好你
娘們吃。』教玉簫、小玉兩個提着，送到前邊李瓶兒房中。」
（第二十三回）

「原來婦人因前日西門慶在翡翠軒詩獎李瓶兒身上白淨，就暗暗
將茉莉花蕊兒攪酥油定粉，把身上都搽遍了，搽的白膩光滑，異
香可掬，使西門慶見了愛她，以奪其寵。」（第二十九回）

羊咩咩說書時間：

《金瓶梅詞話》第三回標題為「王婆定十件挨光計　西門慶茶房戲金蓮」，羊讀完此篇，對於潘金蓮的鄰居茶房王婆獻給西門慶的「十件挨光計」頗驚訝，那應該就是所謂的「曖昧期」吧？西門慶途經潘金蓮和武大郎的家，潘金蓮恰巧用竹竿將竹簾放下，卻不小心戳到路過的西門慶，兩人一看對眼了。西門慶多次前往王婆家打聽潘金蓮，王婆深知西門慶是塊大肥肉，怎能不好好敲詐一番呢？王婆提供茶房作為西門慶曖昧的場地獻計拿賞，假藉潘金蓮到她家幫她縫製壽衣，不知情的武大郎還自掏腰包給王婆加菜。王婆幫西門慶推敲可能往下走的每一步，教導西門慶如何應對，甚至必要時再配合演出，而潘金蓮也樂在其中配合走著每一步吧！真能改變潘金蓮的一生嗎？是生？還是死？請看下回分解。

羊從沒去過花壇，去年因朋友介紹，途中發現了茉莉花壇夢想館，參觀後得知其栽種無農藥茉莉花很感動。買了新鮮茉莉花，從目視挑蟲，到滾水殺菁浮出許多小蟲，甚至躲在花苞裡還有不少蟲，我想那張放在櫃檯上的SGS檢驗無農藥報告就足以代表，蟲肯定很多。多年前羊在台北工作的日子裡常喝香片，香片裡有許多乾的茉莉花，但我從沒見過新鮮的茉莉花。直到多年前有人送我一朵現摘的新鮮茉莉花，插在俄羅斯產度金邊的花茶杯裡，在水裡的茉莉花持續了一週的生命，那是我第一次離新鮮茉莉花這麼近，羊對新鮮的茉莉花有著很深的感情，直到了花壇，看見

路旁的茉莉花園，重啟了羊對茉莉花的記憶。還記得清朝食譜《養小錄》（顧仲著）一書裡記載著平民老百姓的生活，其中有道茉莉蜜茶：將新鮮的茉莉花放在陶碗裡，倒入蜂蜜，蓋上陶盤，靜置一夜，讓蜂蜜吸飽了茉莉花的香氣，隔天再加入冷水，沖成茉莉蜜茶。羊以自製柴燒杯，如法炮製。淡雅清香，有種平靜的力量，讓羊想穿店小二的衣服，讀本古籍，做首詩。

羊再次前往茉莉花壇夢想館，遇見了夢想館的謝龍濱主任，謝主任表示今年閏六月，花期比往年慢約 20 天，再約三週後待茉莉花開時見。我很好奇最早怎麼開始栽種茉莉花？企劃稽核部柯鴻模主任說早期鄉民前往台北販售用刺竹做的香腳[1]，得知台北需求做香片的茉莉花，而北部人工貴，鄉民將茉莉花帶回花壇栽種，沒想到適地適種，就此開啟了花壇鄉的茉莉王國。他笑著說，我們都是在茉莉花田裡長大的，農忙時不用上學幫忙摘花，老師也是睜隻眼閉隻眼。博學多聞的柯主任從「茉莉花革命」一路聊到張愛玲的文章「茉莉香片」。

民國 100 年底，62 年次的顧碧琪接了總幹事，她表示從小對茉莉花有著深厚的感情，小時候家裡經濟不好，租地種茉莉花，花期時間有限，需人力幫忙，上學期間媽媽總是騎著機車到小學，載我回家摘茉莉花。中午休息時間，想多賺點學費零用錢，也偷偷跑出去摘花。顧總幹事回憶起過去，她笑著說現在想起來，還挺有畫面感的。顧媽媽開玩笑接著說：「茉莉花是很珍貴的，我女兒眼看太陽要下山了，一邊採花一邊哭沒採完，就是不敢回

---

[1] 台語。拜拜時用的香，手握處。

家，因為回家會被我打一頓的啊！」以八十年的穀倉打造「茉莉花壇夢想館」內，柯主任手指著旁邊檜木製的樑柱說：「這是散倉防潮、通風良好，麻布袋倒米進來繳倉，上頭還有刻度。」穀倉內見證著一切的歷史。我想就從支撐一支香的香腳開始，人們總是在神明前，手握香腳期許未來。從花壇先人到台北賣香腳得知北部需要茉莉花帶回栽種，剛好土地環境都適合，或許這就是花壇祖先的庇蔭，維繫著農會員工們的共同點，才能讓世世代代靠著茉莉花，養大孩子教育他們。而這些看著茉莉花長大的孩子們，也能知福惜福，期許能栽種出無農藥無荷爾蒙的茉莉花，讓茉莉花延續著他們的未來。

推廣主任李金龍帶著羊到茉莉花園拍照，他表示茉莉花最老的有五、六十年的老樹，每年的5月到9月是盛產期。為了能做到無農藥無荷爾蒙的茉莉花，採用捕蛾燈、抑草席、防禦性費洛蒙和昆蟲對顏色有偏好的粘板。他接著說：「捕蛾燈定時會於夜間六點到清晨五點點燈，中間有旋轉風扇，當螟蛾飛到此，會被風扇收進網袋內，裡頭有漏斗型內網，讓螟蛾不能再飛出來。」顧總幹事說我們試過產期調節、溫網室都沒成功。因為茉莉花需要露天日照充足，一點點雨水和排水良好的環境。6月中旬上午9點多，羊在茉莉花園裡拍照已是滿頭大汗，更何況是採茉莉花的人員。我偷偷問顧總幹事，夏秋季節採茉莉花很熱啊！她低聲地說：「體諒採花阿嬤的辛苦，且考慮她年紀大，又無經濟來源，我決定給採花阿嬤每斤多10塊錢，被罵得半死。」羊堅信老天爺一定會幫助善心人士。

目前花壇鄉的茉莉花種植面積不到三十公頃，為何要力推呢？顧總幹事頗有氣勢地說：「我們的主要農作物為稻米佔七、八百公頃，但深知競爭力較弱。還有其他蔬果，譬如：酸楊桃（加工用）、甜楊桃（直接吃）、西施柚、文旦柚、芒果、小番茄、龍眼、荔枝、蔬菜、茂谷柑和竹筍。得找出我們的強項那就是種出全台唯一無農藥、無荷爾蒙的茉莉花。」茉莉花易氧化，香氣難保留。若不使用農藥和荷爾蒙產量減少，而噴灑荷爾蒙的茉莉花，個頭大一倍以上。花壇農會採友善農法，不用除草劑，採抑草席抑制雜草生長，栽種期間完全不噴藥，施予有機肥。要想和中國、越南等市場做出區隔。

我很好奇為何想轉型？契機與決心從哪兒來？顧總幹事堅定地

說：「心想無毒蔬菜都能種出來，茉莉花一定也能做得到，誰知道開始施作後困難重重。」顧總幹事不畏艱難的傻勁帶著農會員工往前衝。第一年（101年）找來三個農友契作的地，有一農友阿伯為追求高產量在傍晚時偷噴藥、契作戶因為花薊馬把花吃光了無任何產量而退出，最後顧總事只好回家央求父親將家裡的2分多茉莉花園無償給農會來做試驗。第二年（102年）找員工親戚幫忙，連柯主任的父親都來幫忙，產量約四成到五成。第二年的6月20日是「茉莉花夢想館」開幕的日子，柯主任心有餘悸地回憶起當時的狀況，開幕前一個月，茉莉花全被蟲吃光了，嚇死了。幸好二十幾天後，老天爺的幫忙終於產出無農藥茉莉花。每年都會嘗試新的管理方式，試圖讓產量更加穩定，到了第四年有五個農友加入共三甲地。

顧總幹事表示面對無花可收成時真的很難熬，沒花就沒有產品。

坦白說她的膽子真的很大，研發第一年就生產上市。她買南投山區的毛茶，將篩選過的茉莉花放入茶葉內讓茉莉花味道保留，人工挑出茉莉花再燻製 16 小時，抓出兩者最佳混合的比率，才能判斷茶是否適合和穩定。而這些挑花人員穿著整齊的制服，原來是其他部門的同事們，有空時就過來幫忙。曾有顧客提出這一批的茉莉花香氣沒上一批的香，因為天然製造，每一批都會受到氣候溫度溼度的影響而有所差異。她邊說著未來的展望那就是可以將所有的茉莉花都做無毒栽培，漸漸地老農友也會改變想法，釋出土地讓更多人去做。要做無毒栽培的農田旁一定要有隔離帶，嘗試清園除蟲，用生物性防治資材，定訂高於市價三倍的價格收購，再補助農業資材譬如捕蛾燈、抑草蓆等，運用高價收購來補不足。其實許多都是意料之中的事，就像不噴藥蟲就來了，該怎麼防治，我們一步步努力去做。雖然這麼辛苦，還是希望有追隨者，看見經濟效益後加入者就多了。她堅信會有人願意投入的。

白目羊還是有些不解，問了尖銳的問題：「農會賣農藥，為何想要無農藥栽培呢？」顧總幹事說：「這些年來農會除了信用部、農藥外，生命禮儀等都是我們的業務項目。從小我和同事們都在茉莉花田裡長大，每家都種茉莉花茶，但沒有人敢喝茉莉花茶，因為每週噴藥一次，晚兩天噴藥蟲就來了。我想最重要的是心意，做自己敢喝的茶才能推廣。」羊聽完為之動容。我續問：「會不會後悔？」她堅定地說：「不後悔，但有愧疚。每當看見同事晚上 9 點 10 點多還不能回家，反思自己如果沒做這個決定，同事們假日也不用值班揀花挑花。」她接著說：「民國 92 年我從基層人員開始做起，八成的人認同理念、攜手同心，不用事事圓滿。目前無農藥無荷爾蒙茉莉花產量 3 公頃。只要每個人都能

做好自我要求，為環境、土地和好食物，單純的想法，盡量去做就對了。堅持下去，總有一天會從 3 公頃到 30 公頃，面積一定會慢慢增加。沒做永遠都只是個起點，做了就有機會知道是否能做得到。」

花壇農會不僅在栽種無農藥茉莉花下苦心，其包裝設計拿下德國 iF 及紅點包裝設計獎，亦是國內唯一拿下世界兩大設計獎的農會。她拿出茉莉花醬說這些都是家政班媽媽用小火慢慢熬出來的，連果膠也是捨棄市售現成品，採新鮮蘋果細火慢熬的。顧總幹事語重心長地說：「要做良心事業，一般消費者根本不知道加了什麼，我們要從自我把關做起，且不要違背自己的良知。」顧總幹事從茉莉花茶園到透過四健會在鄉內國中小推廣花茶茶藝，員工上下一心，齊心協力。我想試試茉莉花馬賽皂，用紅色網袋裝著現採的茉莉花，柯主任眼裡閃爍著光芒說：「別看她們含苞沒開花，她們都還是活的，到了傍晚時分就會開花了。在田裡開

花是不採的，隔天會變成紫色會凋謝，香氣也會散掉。記得要挑掉花萼，否則會有苦味。」顧總幹事續說這個季節大約晚上七點十幾分就會開花了，果然七點十幾分就開花了。不論飼養動物或栽種農作物，他們提到動物或農作物，眼裡總是散發著光芒、充滿熱情，羊好感動。茉莉花是他們的共同情人，是童年的回憶和對家鄉的愛。

日本有鹽漬櫻花的方法，我試做鹽漬茉莉花。將新鮮茉莉花以滾水汆燙殺菁後，加上有機海鹽，去除水分後，再浸泡在羊媽釀製多年的梅子汁裡。再以鮮奶吐司的方式，捲入吐司裡，作成了鹽漬茉莉花鮮奶吐司。神奇的滋味，無人能比啊！採訪最後，羊腦海浮現了「勇者無懼」，我想唯有勇者才能無懼吧！行動派的顧總幹事，走訪南投魚池的有機醋工廠，積極為她家的無農藥茉莉花醋而努力，將烘焙過的無農藥無荷爾蒙茉莉花浸泡在有機糙米醋的陶甕裡 3 個月，預計今年年底即將上市，敬請期待！

雪花糕

材料：

有機圓糯米 .... 200 克
水 .... 100 克
黑芝麻 .... 30 克
有機砂糖打成粉 .... 30 克
熱開水 .... 100 克

作法：

1. 將圓糯米洗淨、加水浸泡 1 小時。瀝乾，加入水 100 克，大火蒸 40 分鐘，直到糯米熟透。
2. 黑芝麻放入平底鍋以中小火微烤，留意別燒焦，起鍋再用擀麵棍壓碎攤開黑芝麻待涼，加入有機砂糖粉。
3. 將蒸熟的圓糯米，加入熱開水 100 克，以木匙邊攪拌，再以大火蒸 30 分鐘。趁熱取出，快速攪拌約 5 分鐘，直到成為黏稠狀糯米糰，待涼。
4. 用手邊沾上冷開水，再將糯米糰分成兩塊，若覺得太黏，雙手再沾上冷開水整型，第一層厚約 1 公分，呈 15x10 公分，撒上黑芝麻糖粉，再鋪上另一層糯米糰，厚約 1 公分。先冷凍 2 小時後再切開，刀子得先沾上冷水再切。

心得：

西門慶的六房李瓶兒所生之子官哥兒與喬大戶的女兒結了親，在慶祝的場合裡獻上「菓餡壽字雪花糕」。清朝袁枚著《隨園食單》其中有「雪花糕[2]」：「蒸糯飯搗爛，用芝麻屑加糖為餡，打成一餅，再切方塊。」圓糯米上蒸籠蒸，讓我們體會四百年前原味的美食。

---

[2] 清朝《隨園食單》袁枚著 / 別曦注譯 / 三泰出版社 P.243。

玫瑰鵝油燙麵蒸餅

材料：

未漂白中筋麵粉 .... 125 克（多餘撒粉用）

熱開水 .... 60 克

冷開水 .... 15 克

鵝油 .... 適量

玫瑰糖醬 .... 適量

有機砂糖 .... 適量

作法：

1. 先將麵粉放入盆內，以燙麵法將熱開水倒入麵粉內，一邊用筷子快速攪拌，再加入冷開水。用手揉麵糰，小心別燙傷，揉至均勻。蓋上毛巾，靜置半小時。

2. 將麵糰分成 10 小糰，每糰重約 20 克。桌面撒上麵粉， 每一糰用擀麵棍擀開至非常薄，得留意可能黏在桌上。第一層下方先鋪上烘焙紙，每層先刷上鵝油，再放上玫瑰糖醬和砂糖。一層層疊上去，壓好。放入蒸籠內以大火蒸約 15 分鐘。取出待涼，切小塊，即可食用。

心得：

李瓶兒死後，西門慶在夜裡夢見了她，睡夢裡直哭醒來。西門慶在書房裡賞雪，打開一罈雙料麻姑酒，鄭春在旁彈箏低唱，西門慶令他唱一套「柳底風微」。席間送上來黃熬山藥雞、臊子韭、山藥肉圓子、炖爛羊頭、燒豬肉、肚肺羹、血臟湯、牛肚兒、爆炒豬腰子和玫瑰鵝油燙麵蒸餅。玫瑰鵝油燙麵蒸餅，羊考慮上蒸籠蒸，從字意上解讀「燙麵」做法唯有麵粉、熱開水和少許冷開水，若是改成發麵，得用新鮮酵母或老麵種發酵，就像當今中式點心銷售的「千層餅」，麵餅層層間刷上大量的油，但又失去燙麵的意義，因為熱開水攪拌酵母麵糰，會殺死酵母。羊不死心，兩種都試，果然燙麵效果最好，得將麵糰擀至非常薄，一層層堆疊，上蒸籠蒸。很耐吃的點心，適合配茶一起吃。

第四章

大郎欲捉姦，殺夫心且狠。

貌豐美養蜂場 / 南投國姓

暇＿滿

純蜂蜜 / 蜂王乳 / 花粉

蜂群來來往往，經過多久的努力，我們才能在時空的長河裡和蜜蜂們交會。蜂農們得抓緊節令節氣的縫隙，在好天氣裡採收，就像夜裡和星空的銀河相會一般。

དགའ་འབྱོར: Varieties of Life in *Chin P'ing Mei*

貌豐美養蜂場

陳麗滿
農產品：純蜂蜜、蜂王乳、花粉
南投縣國姓鄉北山村中正路 4 段 56 之 1 號
電話：049-2451491 / 0933-572-602
購買方式：電話訂購

「看看天晚，西門慶吩咐樓上點起燈，又樓檐前一邊一盞羊角玲瓏燈，甚是奇巧。不想家中月娘使棋童兒和排軍抬送了四個攢盒，都是美口糖食，細巧菓品。也有黃烘烘金橙，紅馥馥石榴，甜瑠瑠橄欖，青翠翠蘋婆，香噴噴水梨；又有純蜜蓋柿，透糖大棗，酥油松餅，芝麻象眼，骨牌減煠，蜜潤縧環[1]；也有柳葉糖，牛皮纏：端的世上稀奇，寰中少有。」（第四十二回）

「伯爵纔待拿起酒來吃，只見來安兒後邊拿了幾碟菓食：一碟菓餡餅，一碟頂皮酥，一碟炒栗子，一碟曬乾棗，一碟榛仁，一

---

[1] 蜜漬的餅子。

碟瓜仁，一碟雪梨，一碟蘋婆，一碟風菱，一碟荸薺，一碟酥油泡螺，一碟黑黑的團兒，用橘葉裹着。伯爵拈將起來，聞着噴鼻香，吃到口，猶如飴蜜，細甜美味，不知甚物。西門慶道：『你猜！』伯爵道：『莫非是糖肥皂？』西門慶笑道：『糖肥皂那有這等好吃？』伯爵道：『待要說是梅蘇丸，裡面又有核兒。』西門慶道：『狗才，過來我說與你罷。你做夢也夢不着，是昨日小价杭州船上捎來，名喚做衣梅。都是各樣藥料，用蜜煉製過，滾在楊梅上，外用薄荷橘葉包裹，纔有這般美味。每日清晨，呷一枚在口內，生津補肺，去惡味，煞痰火，解酒尅食，比梅蘇丸甚妙。』（第六十七回）

羊咩咩說書時間：

「潘金蓮背著武大郎與西門慶在王婆經營的茶房處通姦，提著大梨準備銷售給西門慶的鄆哥不慎誤闖茶房，王婆極力阻止下，反倒讓姦情曝光了。鄆哥告知武大郎，約好一起捉姦。武大郎在捉姦的過程裡，被西門慶踹了一腳，踢中心窩。王婆再次獻計，如何在武大郎的哥哥武松回來前將重傷的武大郎給殺了。武大郎回家後，奄奄一息，潘金蓮非但沒請醫師醫治武大郎，反而假哭悔過騙他特別請來的一帖藥方，內容物實為西門慶託王婆帶來的砒霜。武大郎不計前嫌，選擇相信潘金蓮，不知情服下砒霜後，臨

死前拚老命掙扎，潘金蓮擔心武大郎死不了，謊稱太醫吩咐服下此藥方出汗後會好得快，立馬將兩床被子搗在武大郎的臉上，整個人坐在棉被上強行悶死武大郎。武大郎七竅出血，潘金蓮擦乾血跡後，夥同王婆一起將武大郎抬下樓。而西門慶則買通衙門裡檢驗死傷、代人殮葬的頭頭何九，謊稱武大郎因病去世，草草將他給埋了。王婆再次得到西門慶的重賞。

潘金蓮原本以為一切順遂，很快地西門慶就會娶她入門，沒想到西門慶卻娶了富有的孟玉樓為三房。潘金蓮擔心西門慶不再理她，託王婆到處找西門慶，企盼別忘了她。因這事在城裡鬧得沸沸揚揚，西門慶不想過度囂張，最後低調迎娶了潘金蓮為五房。過沒多久，武松出公差回家後發現兄長不在家，到處打聽，城裡誰也不想得罪西門慶，從武大郎的女兒迎兒和從鄆哥處打聽得知兄長已被害死，一怒之下想殺了西門慶，得到通報的西門慶正在酒樓，往下一躍，跳進了別人家後院逃走了，而武松趕到時卻誤殺了通報西門慶消息的李外傳。」

這幾回羊看得心驚膽跳，事件發生在四百年前的明朝，每個事件的交錯，每個人都有自己的算計，羊還是堅信「好人做好事不一定會好運，但壞人做壞事也不一定會成功」的道理。作者蘭陵笑笑生將過程描述地觸目驚心，膽小羊至今想起潘金蓮害死武大郎的樣子不禁打了個哆嗦，仰天嘆息著到底是什麼樣的人，怎麼會這麼壞啊？

西門慶接手父親的生藥舖，書中常提及中藥材或藥方，至於煉製中藥丸的蜂蜜更顯重要。羊想起小時候沒啥零食，偶爾會到水里

彰化銀行旁的保生堂中醫診所買「宋陳」，那是小時候零食裡最美好的回憶了，一小包用透明塑膠袋裝，只需要到中醫診所、走近比羊還高的木製櫃檯前拿出一塊錢說：「我要買一包宋陳。」拿著一小包宋陳，心情愉悅飛奔回家。深褐色的小小丸子，直接咬下，散發出像陳皮般的酸甜滋味。讀了《金瓶梅》，看著「衣梅」和「梅蘇丸」，想起了小時候吃過的宋陳。網上有人賣，但再也不是小時候的味道了。羊一想起此事，就直跟彰化花壇慈愛中醫診所的林桂郁醫師說：「好想做小丸子喔。」三不五時我又去盧她說：「真的不能做小丸子嗎？」甚至我在澎湖縣西嶼鄉找到類似宋陳的味道，帶去讓她試試。羊參考了明朝高濂的著作《飲饌服食箋》其中介紹了「梅蘇丸」：

「烏梅肉二兩，干葛六錢，檀香一錢，紫蘇葉三錢，炒鹽一錢，白糖一斤。後為末，將烏梅肉研成泥，和料作小丸子用。」

林醫師看了配方說：「稍微修改後，應該可行。若不行加點蜜煉過，就能和成團。」林醫師傳來從日本古法、中醫業界和長庚中醫系各種製成小丸子的影片作為參考。羊遵照林醫師指示，拿起剪刀開始剪乾扁黑黑的烏梅肉，被烏梅的酸嗆味搞得坐立難安情緒不穩，心想這玩意兒作成小丸子不會太嗆了嗎？想起了埔里山上師父們釀製二十年的無人工化學添加的陳年紫蘇梅，因歲月的醞釀，紫蘇梅已成烏黑色，味道沈靜。

朋友推薦、羊採用多年南投山裡最好的蜂蜜來自貌豐美養蜂場，三月底羊打電話聯絡採訪事宜，陳麗滿說四月是採荔枝蜜和龍眼蜜的時候了。直到四月底，遲遲等不到約定採蜜日，羊又再次打

電話。對方說 4 月是採荔枝蜜的時候，但雨下個不停，且原本南部現在正是採蜜的季節，因氣候因素至今也採不到蜜了。她語重心長地說今年恐怕沒有龍眼蜜。她接著說：「除了不能下雨外，氣溫也是關鍵，需等到攝氏 28、29 度龍眼花蜜才會浮上來，才能採收。」哇！原來有這麼多神奇之處，羊更好奇蜂蜜的由來。

蜂農和老天爺搶時間，今年 4 月 20 日穀雨過後，連下多日的雨，直到前一天雨趨緩，羊夜裡看見載滿蜂箱的貨車經過。當天小農通知我，隔天一早在南投中寮山上集合，我說不行。她說沒辦法了一定要明早，否則時間過了很可能採不到蜜。蜂農真的在採蜜，不是打開一箱蜂箱讓媒體拍拍照就好，這是他們真實的生活。當天一早，山上訊號很弱，羊找不到路，蜂農第三代俊元傳來 Google 定位，羊沿著定位找到了中寮山裡三合院旁眾多龍眼樹。往三合院的小徑，傳來眾多蜜蜂的嗡嗡聲，眼角邊飄著大片飛動的小影子，膽小羊其實還挺怕被蜜蜂螫的。第二代陳麗滿笑著說請將黑色網罩戴起來，羊的登山帽上頭再罩上黑色網罩，瞬間周圍氣氛嚴肅了起來。其他人都全副武裝，頭上帽子再罩著網罩，長袖、長褲和雨鞋再加上塑膠手套，無絲毫縫隙露出來。

陳麗滿表示採蜜時得全家總動員，選擇假日，為了讓在台北工作的第三代們都能趕回來一起幫忙，採蜜時家族的力量很重要。因採蜜的時間緊迫，羊只能稍微和陳麗滿聊聊。陳麗滿細心提醒我，在草叢間走動拍照時，看一下地上，有葉子的地方，用鞋子撥動樹葉，留意別踩到地上的蜜蜂們，這樣就沒事。傻羊問：「這些蜜蜂都是當地飛來的嗎？」陳麗滿笑著說：「這些都是我家的蜜蜂啊！」我想起了蒙古遊牧民族哪裡有新鮮的草就帶著牛

羊前進，養蜂人家也是帶著蜂箱前往，哪裡有花在，花朵下放著蜂箱，隨著季節而去採收。多浪漫的心情啊！

陳麗滿表示每個蜂箱約有 5 萬隻蜜蜂，龍眼樹下約 40 個蜂箱。每一箱先煙燻後，打開蓋子，取出巢片，抖下蜂群。再將木框放置搬運桶，蓋上布巾。再將搬運桶拿至樹下臨時搭蓋的蚊帳屋內，割開封蓋蜜，將巢片放入分離機內，旋轉後分離出蜂蜜，蜂蜜從不鏽鋼桶下方的水龍頭處慢慢流出來，流在預留的過濾布上。蚊帳外的蜜蜂一直靠近蚊帳，陳麗滿解釋著，因為今年的龍眼蜜太少了，蜜蜂們才會離這麼近。一箱箱蜂箱被打開，滿天的蜜蜂約兩百萬隻蜜蜂，羊瞬間覺得蜜蜂超可愛的。羊從來不知道自己會這麼勇敢，完全不害怕，只套上蜂農給的網罩，為了拍照沒戴手套，來回取景三台相機輪流拍照，幾隻蜜蜂停在手指上好奇地觀望著羊，拜託別咬我啊！最後還是被咬了，幸好只是蚊

子。羊站在樹下，拍下蜂農們辛勤工作採蜜的畫面，美得就像一
幅畫。

今年初受到荔枝龍眼樹開放可噴灑益達胺等農藥影響，蜜蜂大量
死亡，蜂農損失慘重。陳麗滿 90 歲的父親陳守虎邊挖著巢片內
的雄蜂蛹，望著採收稀少的龍眼蜜，沈默不語。陳守虎 62 年前
開始養蜂。陳麗滿回憶著：「我出生時就在養蜂了，從一兩箱開
始養，到十幾歲時，已經有三十幾箱了。」陳麗滿接著說：「平
日要好好照顧蜜蜂們。蜂群強壯，採蜜能力才會強。4、5 月採
龍眼荔枝蜜，9、10 月為百花蜜或蔓澤蘭蜜。晚上移動蜂箱，並
且放置樹下，約 5 天後採蜜。採收時蜂箱內巢片原本該是兩三
公分厚，但今日扁扁的，無龍眼蜜可收。」我想照顧蜜蜂，等同
細心照顧乳牛的心情。蜂農的經驗是攝氏 28 度以上龍眼花的花
蕊才會浮上來，天氣不好有開花沒有蜜，要足夠的溫度才有蜜可

採。原來採蜜得看氣候溫度，有花沒好天氣也不行，若是無花好天氣也沒轍。陳麗滿笑著邊用手描述著龍眼花蕊，傍晚時分，花蕊裡會亮亮的，表示花蕊浮起來了，今年龍眼蜜真的很少。

第二次羊再次與蜜蜂寶寶們相會，此次採百花蜜。蜂群來來往往，經過多久的努力，我們才能在時空的長河裡和蜜蜂們交會。我想蜂農們得抓緊節令節氣的縫隙，在好天氣裡採收，就像夜裡和星空的銀河相會一般。此次採百花蜜，主要是烏桕樹花蜜。羊遵照指示前往南投國姓山裡，在眾多樹林潺潺溪流旁放置蜂箱。我好奇問：「烏桕樹在哪兒？」陳麗滿笑著說：「方圓 3 公里內。蜜蜂們會飛到 3 公里內採蜜。蜂箱已在此放置兩週了。」羊迅速戴上黑色網罩，此次更不怕蜜蜂了。就像羊小時候看過的卡通「小蜜蜂」，每一隻都像「美雅」飛來飛去。我終於了解為何我對蜜蜂有份感情，覺得她們很可愛。羊想起了小學三年級時運動

會上曾扮演過蜜蜂，羊媽帶著羊到同學家開的布莊，剪一小塊白底黑圓點點的布綁在背上，作為羊的蜜蜂翅膀。白痴羊腦海中突然浮現卡通畫面，陳家得到處觀察哪兒有蜜可採，趕緊一聲令下「派出寶寶們，快去採蜜！」

貌豐美養蜂場三代一起養蜂，目前有 200 多箱。第一代陳守虎，今年 90 歲，早年以搬樹薯為業，60 多年前才開始養蜂。直到民國 65 年，才將養蜂作為正業。陳麗滿笑著說：「因為當時蜂王乳價格高，一公斤可賣至七千元。而蜂王乳需要冰箱冷藏，當年

冰箱一台七千塊，剛好賣了蜂王乳買冰箱。」陳麗滿是陳守虎的女兒，弟弟陳建至從民國 89 年至今 18 年，到泰國清邁養蜂採蜜。陳麗滿說泰國龍眼蜜品質也很好。陳守虎曾在民國 81 年參加龍眼蜜競賽，得到全省農林廳品質優良獎。他回憶著當時比賽的盛況，他笑著說：「總共有 38 位參賽者。」他開心地回憶，邊指著木櫃上方，請孫子俊元打開櫃子拿獎狀下來。女兒笑著說父親居然還記得獎狀放在哪裡。陳守虎有重聽，大聲地說：「很高興的是民國 81 年養蜂時，不需要怎麼特別照顧蜂就能採蜜。」這些年農藥和除草劑的確危害著蜜蜂的生命。

無知羊對蜜蜂的印象只停留在卡通「小蜜蜂」裡的「美雅」。陳麗滿特別介紹了蜜蜂的成員。蜂王（雌）壽命約一年，正常狀態下每日可產一千五百到兩千個卵，3 天孵化成幼蟲。蜜蜂做王台產生蜂王為自然生產，而放五日齡的小蟲在王台約 12 天可成為蜂王。蜂王年紀愈大，產卵能力差，培育蜜蜂採蜜能力也會變差。雄蜂（公）為交配用。工蜂（雌）採蜜時壽命約一個月，平日為兩個月。蜂箱內的木框稱為巢片。蜜蜂的產物為蜂蜜、花粉（蜜蜂採花粉後的腳跟在蜂箱入口處刷掉花粉進入蜂箱）、蜂王乳、蜂蠟（做巢片、香皂和蠟燭，鍋子溶解加熱後像水）和蜂膠（鞏固蜂巢，殺菌，很少，不採）。她貼心提醒，蜂蜜要低溫濃縮過，減少水份。因為易發酵壞掉，不能放太久。如濃縮過，放兩三年都很新鮮。而蜜蜂們最大的天敵為虎頭蜂。牠們會在蜂箱出入口咬工蜂，造成蜜蜂大量死亡。危及蜂農和蜜蜂，若螫後沒立刻就醫可能死亡。她說採蜜期沒有虎頭蜂，六月份起會有虎頭蜂出現。

陳麗滿表示一整年採蜜的時節分別為，清明前採收南投的荔枝

蜜，從穀雨到立夏採收南投中寮的龍眼蜜，接下來採收油桐花蜜、楠仔樹花蜜、烏桕樹花蜜等都是百花蜜。至於咸豐草花蜜可以採好幾個季節，而蔓澤蘭花蜜大約在冬天較長的時間。她接著說明蜜蜂採蜜的狀況，工蜂採花蜜時先吃飽，再把多餘的蜂蜜放在肚子裡，腳上帶著花粉，進入蜂箱時過關卡花粉刷掉被收集起來，進入巢片後蜂蜜再用針吐出來。蜂蠟則是一整年收集起來。位在鹿谷竹山霧社的茶樹花，大約在中秋節左右採集花粉。這些都是蜂農累積多年的經驗，才能在最適當的時刻，採收大自然的產物。我很好奇之前曾聽說蜜蜂要餵糖水和黃豆粉？她說：「當蜜蜂沒有採蜜時或外面食物不足時，才會補充花粉、蜂蜜、糖水和黃豆粉，就像農作物灑肥料一般。當外在環境植物花朵都充足時，則不需要補充。」

至於如何判斷真蜜？有人曾說以泡泡來判斷，但陳麗滿說：「泡泡分裝愈多次，泡泡愈少。最重要的是香氣、易入口的口感和無刺鼻味。有些人會用果糖、香料、色素調假蜜，這些都算還能入口。得留意有些甚至用不能吃的人工化學添加物來調假蜂蜜。」貌豐美養蜂場的台灣蜜和泰國進口蜜都會送驗 SGS 檢驗蜂蜜標準。何時最適合採收蜂蜜呢？天氣好、陰天氣溫夠、悶悶的

最適合採蜜。而荔枝蜜比龍眼蜜水分多，水分多則濃縮後重量會變少。

陳麗滿表示很多人擔心農藥會進到蜂箱裡，其實蜜蜂被農藥噴到或是吸了含有農藥的花蜜，回到蜂箱跌跌撞撞的，基本上是進不了蜂箱的。其他蜜蜂也不會讓含有農藥的蜂蜜進入蜂巢裡。我問農藥對蜜蜂的危害大嗎？她憂心忡忡地說：「很嚴重。」第三代陳俊元說農藥和除草劑危害蜜蜂，稻田、檳榔、蔬菜噴灑農藥，我們只能盡量找山上沒噴藥的地方，而山上很多地方不能放也沒辦法。我問陳守虎辛苦嗎？老先生開朗地笑著說：「忘記了。」陳麗滿補充說明，能解決的都不算辛苦，不能解決的才⋯⋯。因為環境因素，未來趨勢是台灣蜜只會愈來愈少。

如果我們都能多支持鼓勵無農藥栽種蔬果稻米，如此一來，蜂農再也不用擔心蜜蜂大量死亡的難關，我們亦能吃到健康新鮮的蔬果稻米。只要每一個人願意有一點點改變，我相信會有很大的影響力。某本書上曾說：「每一隻蜜蜂的生命只有六週，每一隻蜜蜂一生只能生產十二分之一小匙[2]的蜂蜜。」在我們還能好好享用每一口台灣蜂蜜時，羊真心誠意對每一隻蜜蜂致敬，對牠們心存感激。

---

[2] 一小匙等於 5 公克。

དཔལ་འབྱོར་: Varieties of Life in *Chin P'ing Mei*

梅蘇丸

材料：

陳年紫蘇梅去籽後梅肉剪碎 .... 40 克

茯苓、芡實或薏仁炒過磨成粉 .... 4 克

有機鹽 .... 0.1 克

有機糖 .... 100 克

蜂蜜 .... 1/4 小匙

紫蘇葉磨成粉 .... 適量

作法：

1. 將陳年紫蘇梅肉、茯苓、芡實或薏仁、鹽、糖和蜂蜜混合均勻，分成小球，直徑約 0.5 公分。

2. 先將紫蘇葉粉放在竹匾上，再放上小球，就像滾元宵一樣，滾上紫蘇葉粉而不黏，即可食用。

心得：

早在一千八百年前東漢名醫張仲景[3]著《傷寒論》厥陰篇的「烏梅丸証」和《金匱要略》都提到了關於烏梅丸的描述。而明朝高濂著《飲饌服食箋》其中「梅蘇丸」，似乎已經失傳，檀香取得不易先不放，試過干葛，藥味太重，改成炒過磨成粉的茯苓、芡實或薏仁，效果更好，更順口。李瓶兒去世後，西門慶的酒友們陪他吃喝，西門慶開生藥舖，僕人從杭州帶回的衣梅，更甚梅蘇丸，帶給酒友們嚐鮮。

---

[3] 東漢 150~219 年。

玫瑰元宵

材料：

乾燥無農藥食用玫瑰花 .... 3.5 克
有機砂糖打成粉 .... 15~20 克
法國伊思尼無鹽奶油 .... 20 克
有機萊姆皮擦碎 .... 1 顆
糯米粉 .... 100 克
水 .... 適量

作法：

1. 玫瑰餡：乾燥無農藥食用玫瑰花、有機砂糖打成粉、法國伊思尼無鹽奶油和一個有機萊姆皮擦碎混合均勻。分成 10 小糰，每糰勿散開。

2. 將糯米粉放在竹匾上，再將玫瑰餡放在糯米粉上，搖動竹篩子，讓糯米粉均勻地滾在玫瑰餡上。若無法滾上糯米粉時，將玫瑰餡放在裝水的碗內，快速地放入再取出放在竹匾上，再次滾動，重複四、五次，即可完成玫瑰元宵。

3. 鍋內將水煮滾，將玫瑰元宵放入，待元宵全部浮起來，再加冷水，元宵浮起來，再加一次冷水，再浮起來，即可撈出食用。

心得：

李瓶兒的生日為元宵節，玫瑰元宵理當在此時出現，滾元宵挺有趣的，在竹篩子裡看看哪個元宵跑得快。除此之外，還有蒸酥點心、蒸餅、菓餡團圓餅、李乾、龍眼、荔枝、燒雞、燒鵝、鴿子兒和銀魚乾。前一日，妓院的吳銀兒帶來壽桃、壽麵、燒鴨、豕蹄、銷金汗巾和女鞋來與李瓶兒上壽，就拜乾女兒相交。西門大府裡與妓院往來，台上台下女人間的較勁意味十足。

暇＿滿

彰化花壇慈愛中醫診所 | 林桂郁中醫師

孩子為什麼需要發燒？

發燒不是病，發燒是自己對疾病的抵抗與治療 —— 發燒是人體對抗細菌、病毒的天然武器；而且發燒能活化、啟動人體內在防禦系統。

當孩子體溫在攝氏 37~38 度時，體內白血球增加兩倍；燒到 40 度時，白血球會增加到八倍。由此可知，發燒的目的在強化免疫系統，對抗外來細菌、病毒。若在孩子身體準備升溫，要啟動防禦機制對抗外敵時，無知的大人卻選擇用退燒藥，硬把孩子體溫降下來，無疑是強迫孩子的免疫系統棄械投降、對細菌、病毒直接舉白旗，此時體內的細菌或病毒得到喘息機會，加倍繁殖。當退燒藥藥效一過，孩子體溫必須燒得更高，才能把變強的侵略者驅逐出境。這也是為什麼吃退燒藥的孩子會反反覆覆發燒的原因。

在門診上看到父母讓孩子塞屁股、吃退燒藥，都是怕孩子發生危險、捨不得孩子難過，其實父母必須了解發燒對孩子的重要性與必要性，冷靜下來，仔細觀察孩子的意識狀況（高燒時若孩子的意識不清醒就要警覺送醫），給予孩子身體上的支持，不要因為父母的「恐懼」而隨便退燒，因為父母的焦急而阻擋孩子身體鍛練自己免疫系統的機會。

孩子發燒時，我該怎麼辦？

在臨床，孩子發燒父母濫用退燒藥後，常會觀察到：孩子胃口變差、反而比以往更容易感冒、原有的異位性皮膚炎狀況惡化、鼻

過敏變嚴重等，有時甚至會觀察到原本已漸趨成熟開朗的孩子會退縮更依賴母親……

筆者所學的人智醫學（Anthroposophic Medicine）並不建議隨便幫孩子退燒。但面對孩子發燒，一般而言只要不超過 41°C，父母可以先為孩子做些簡單護理，減緩孩子發燒的不舒服感，且有助於縮短發燒病程。

如何幫助孩子度過發燒？

- 家長最怕發燒會燒壞腦袋。發燒時只要不要讓熱集中在頭部，就可以避免燒壞腦袋的危險。孩子發高燒前會畏寒、顫抖，此時用熱水袋熱敷孩子肚子，可以避免頭部熱度往上衝，熱會往四肢均勻分布散去，可緩解體溫上升過快所造成的不適。

- 當體溫逐漸升高到 40°C 時，可用冷水（水龍頭打開流出的水，千萬不能用冰水）拍打孩子的手心腳心，這樣能幫助把熱引到四肢，孩子體溫就不會繼續往上升。

- 泡檸檬澡：取一顆有機檸檬，在一缸溫熱水（大約 40~42°C 左右）中，先以刀背刮檸檬皮釋放檸檬精油，之後切開擠出檸檬汁，用手劃∞型混合均勻，讓孩子泡 10~15 分鐘左右。
  檸檬能幫助身體恢復原有的秩序，孩子泡過檸檬澡，睡一覺後，常常就能恢復正常體溫。

- 若怕孩子半夜發燒，可將檸檬橫切片成車輪狀，用膠帶貼在孩子腳心。若孩子皮膚對檸檬敏感則不要勉強。

> 不用退燒藥處理的孩子，他們的發燒過程會一次比一次短，運用家庭護理方式也比較容易幫助孩子降溫；但習慣用退燒藥的孩子，發燒過程常常是一次比一次長，而且往往一次比一次高。
>
> 孩子發燒時，請家長們一定要冷靜下來，切忌心慌！好好觀察，適時、適法給予孩子身體幫助，您會訝異：發燒後的孩子身心更成熟、一致了！

第五章

瓶兒邀賞燈，眾曉大郎死。

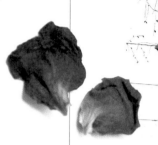

紅磘農場 / 雲林斗南

無農藥、無化肥、有機肥、

堅持以友善農耕栽種

無農藥人參山藥 / 馬鈴薯 /

稻米 / 絲瓜水

暇＿＿滿

紅磘農場

主人：蘇榮

主要農產品：馬鈴薯、人參山藥、稻米、絲瓜水

電話：05-595-2900，0932-821-949（電話訂購）

fb：紅磘農場

部落格：紅磘農場

地址：雲林縣斗南鎮明昌里紅磘 90 號

在農田現場裡用山貓挖出來的人參山藥，出土時全鋪排在管
子裡。一整年的山藥寶寶挖出來的那一瞬間，才會知道是否
能長得頭好壯壯。

暇＿滿

「來安兒用方盒拿了八碗下飯：一碗黃熬山藥雞，一碗臊子韭，一碗山藥肉圓子，一碗炖爛羊頭，一碗燒豬肉，一碗肚肺羹，一碗血臟湯，一碗牛肚兒，一碗爆炒豬腰子；又是兩大盤玫瑰鵝油燙麵蒸餅兒，連陳經濟共四人吃了。」（第六十七回）

羊咩咩說書時間：

「西門慶接連娶進了三房孟玉樓和五房潘金蓮。正月十五日元宵節，一心想嫁給西門慶的李瓶兒也不甘示弱，邀請了西門慶的大房吳月娘、二房李嬌兒、三房孟玉樓和五房潘金蓮一起到獅子街燈市她新買的房子處賞花燈[1]。正月十五日亦是李瓶兒的生日，大房吳月娘送來賀禮：四盤羹菜、兩盤壽桃、一罈酒、一盤壽麵和一套金重絹衣服。當天西門慶的妻妾們都把最好的衣服給穿上了。到了獅子街李瓶兒的新房子，上樓後，大房吳月娘見樓下人亂，與二房李嬌兒回席上喝酒。三房孟玉樓和五房潘金蓮只顧著搭在窗邊往下瞧，潘金蓮探出半截身子，口中嗑著瓜子，把嗑了瓜子殼都吐下來，落在行人身上，和孟玉樓兩個嘻笑不已。兩人數次指著燈籠笑個不停，引來樓下看花燈的人挨肩擦背，望上瞧。

---

[1] 西門慶的四房孫雪娥被大房吳月娘留下來看家。她為西門慶已逝前妻陳氏的奴婢，陳氏去世後，奴婢直接升任為四房，同時也是廚房掌廚者。

又一個走過來，便說道：「我告說吧，這兩個婦人也不是小可人家的，他是閻羅大王的妻，五道將軍的妾，是咱縣們前開生藥舖、放官吏債西門大官人的婦女！你惹他怎麼的？想必跟他的大娘子來這裡看燈。這個穿綠遍地金比甲的，我不認的。那穿大紅遍地金比甲兒，上帶着翠面花兒的，倒好似賣炊餅武大郎的娘子。大郎因為在王婆茶房內捉奸，被大官人踢中了死了，把他娶在家裡做了妾。後次他小叔武松東京回來告狀，誤打死了皂隸李外傳，被大官人墊發充軍去了。如今一、二年不見，出落的這等標致了。」（第十五回）

書中描述著元宵節西門慶的妻妾們在窗邊賞花燈的模樣，映照著來往行人往樓上瞧這些妻妾們的評語煞是有趣。《金瓶梅詞話》裡「肉圓子」的作法，都曾在清朝的著作《隨園食單》和《食憲鴻秘》出現過，與台灣坊間的「肉圓」外頭裹著澱粉、裡頭包著醃過醬油的豬肉完全不同。

羊老家在南投水里，小時候沒啥零食，最常吃的是紅薯山藥，皮是紅棕色，裡頭是鮮紫色，乍看之下還有點兒嚇人。羊媽以湯匙去皮後，再用湯匙刮起紫色黏黏的泥，沒多久就完成一大碗了。紫色的泥加上少許二砂糖拌一拌。平底鍋倒少許的油加熱，再以勺子舀幾勺，煎至金黃再翻面，空氣中飄著香噴噴的紅薯香，好吃的紅薯餅就完成了。羊老家在水里火車站附近鐵軌旁，邊聽著小火車來回「空隆、空隆」的聲響，外面的太陽好曬啊，後頭涼涼的風灌進廚房，羊滿足地吃著香香的紅薯餅。而羊媽的另一絕，將紅薯去皮切塊，加二砂糖煮成甜湯，煮過的紅薯呈淡紫色，在釋放紅薯澱粉的濃稠湯裡載浮載沉，沉在鍋底煮爛的紅薯

塊鬆軟好吃，羊手裡拿著勺子撈起淡紫色的紅薯塊，不知為何，突然覺得很浪漫……

1989 年羊剛到台北半工半讀，羊四姊帶著我搭公車，一路上告訴我垂直平行的是哪些路，要我記下路名，在哪兒下車等等，才能記得回家的路。工作之餘，最常逛重慶南路的書店，某日在肯德基樓下發現有攤賣現煎紅薯餅，如獲至寶。我在旁邊看了好久，好像想起了什麼記憶，買塊嚐嚐，卻不是羊媽的味道，因為添加更多麵粉，不是原汁原味紅薯磨成泥的紅薯餅。那些年沒週休二日，半工半讀的日子，得等好久才有假期回家。或許那就是淡淡的鄉愁吧！

《金瓶梅》的「山藥肉圓子」讓羊想起了蘇榮大哥栽種美味的人參山藥，聯絡上後約在雲林古坑的山藥田裡。羊開車一下交流

道，沿途雲林古坑斗南附近農田都在採收農作物，成堆的根莖類作物和包著頭巾的婦女們，構成一幅拾穗的畫。

我們總以為長在土裡的農作物不會下藥，安全多了，其實若是施行慣行農法，土裡噴的藥也不少。很久以前總覺得種在土裡的農作物不會有農藥的問題，後來才知慣行農法的作法是直接將農藥埋在土裡，比在農作物上噴灑農藥更毒。羊還記得多年前曾拜訪過桃園復興鄉的某位農友，他說有一回到阿嬤家，看見放在牆邊的地瓜，阿嬤警告不能吃，那地瓜是用來毒老鼠的。為什麼不能吃？他說：「一年下兩次好年冬，能吃嗎？」根莖類的農作物，我們總是覺得連皮一起吃更營養，殊不知農藥早就下肚了。所以根莖類農作物更該選有機或是無農藥栽種。

蘇榮畢業於工專，之前在高雄產業界工作十多年，過著朝九晚五的生活。從 1998 年開始栽種有機農作物，一開始的動機只是因為自己想吃健康的食物，所以規模很小，屬於業餘有機，主要是求自給自足。

蘇大哥邊說著我留一塊還沒採收的山藥田讓你拍。他邊使用「山貓」[2] 將土挖開，山貓下方有兩根細長扁平的鐵棒，他接著說，這是專門設計採收山藥使用的機器。山貓只需要前進、鏟起，瞬間好多根山藥全部都出土了。山藥上頭還附著粗糠和薏仁殼，那是鋪在山藥底下預留空隙用。他表示栽種人參山藥時需要注意足夠的光合作用、肥料和水份管理。得留意水不能太多，因為山藥

---

[2]　一般把推土機、鏟裝機跟拖拉機混稱為山貓。

怕泡水，根系腐敗會影響健康，需要排水良好的環境。如果颱風來襲時，將葉子打落，就會影響到葉子的光合作用。

他重申山藥栽種要點是不泡水和擔心颱風。將長約一米的半月型的塑膠管斜種約 20～30 度在隆起的土裡，隆起的土堆為了避免積水。在塑膠管裡放入小塊山藥，管子內鋪著粗糠和薏仁殼。每年的 4 月栽種，隔年 1~2 月採收。羊在山藥攀爬的葉子上發現了些長得像「小山藥」，蘇大哥說這是山藥成熟時長的珠芽稱「零餘子」[3]，大的留下來當種子，小的可以用來泡酒。

除了好吃的人參山藥外，蘇大哥栽種的黃金馬鈴薯和稻米，也是一絕。羊望著山藥田旁的絲瓜問：「這也是您種的嗎？」他說是

3　為薯蕷科植物山藥的珠芽。出自《本草綱目拾遺》。
　《本草綱目》：零餘子，即山藥藤上所結子也。長圓不一，皮黃肉白，煮熟去皮，食之勝於山藥，美於芋子，霜後收之。墜落在地看，易於生根。

的。當絲瓜採收到一定的程度後，在離地約 50~60 公分處將絲瓜的藤蔓割斷，進而將藤蔓下方處放置桶子為了接絲瓜水，因其沒殺菌、沒添加防腐劑，採集靜置發酵一年，多層過濾雜質後上市。收集絲瓜水得留意一週沒下雨才能採收，否則不純。蘇大哥說：「約三年前有客戶要絲瓜水就幫忙收集，當時就知可敷臉也不以為意，過濾裝瓶（當時以600公升酒瓶）分送客戶外，老婆也留一些自用。那時正值青春期的女兒為臉上的痘子苦惱，雖擦了藥膏效果不理想，偶然擦了絲瓜水，顛覆叛逆少女對傳統的不屑。絲瓜水的妙用應該不只是傳說而已，所以開始大量收集。本想說可以上架，沒想到要經過合格廠商處理過才行，他們的處理方法是煮沸加防腐劑。」蘇大哥接著說為了讓絲瓜水保持著原汁原味吧！殺菌煮沸和防腐劑就不必了，就像老阿嬤親手所做。

他邊說著今年要重新排管，再用粗糠和小塊山藥，放置在管子五公分處。今早的太陽好曬，羊戴帽子躲在絲瓜棚下，聽著四周蟲鳴鳥叫。我又問：「多年不見，這些年來是否遭遇困難或挫折嗎？」他語重心長地說：「有。最困難的是被有機機構取消有機認證。因鄰田汙染，對方建議換農田。」我想對於真正的小農來說，不太容易能輕易換農田吧！而且取消以有機法栽種的認證小農，那是莫大的打擊。他很難過地表示在水稻開花期採樣，是用藥高峰期，也正是鄰田噴灑農藥最多的時候，認證機構來割我田裡的稻稈就中標了。他無奈地說自己的有機認證已做十八年了，農民真的無法承擔鄰田的過失。

我想起了多年前曾在一篇文章看過，關於有機法修改開放防治資材，對此，蘇榮的感想是，有機耕作就是要忍受一些不確定因素，譬如馬鈴薯的病害蟲害很嚴重，沒有好的品種，技術再好都沒有用。像我們都選擇抗病強的台農一號，所以幾乎不用任何防治，不僅產量穩定、口感好、色澤美，連肉質都細緻。所以我認為，只要品種好，不使用防治資材也可以有好收成。他還說，台灣氣候高溫多濕，夏季颱風頻繁，種植作物病蟲很多，早期不用農藥化肥也種得出來，就表示不需要防治資材，作物也依然可以生存。所以選擇品質好的種子，適地、適時、適種，才是最根本的生產方式。

這麼多年來，蘇大哥對於堅持有機栽培，有著嚴格的自我要求。羊看著蘇大哥正在處理採收人參山藥，問：「取消認證很難過嗎？」他勇敢而堅定地說：「當然很難過，還是得繼續耕種下去。除非連小通路都不要我的農產品，我就要退休了。」雖然他被取

消有機認證，但他仍堅持以無農藥、無化肥、有機肥、友善農耕的方式繼續加油！人生總有些難關，我看見小農堅韌的生命力。

羊每次採訪小農，就像充滿飽飽勇氣、元氣和力量。時代在變，每個人都在改變，尋找生機，就像齒輪組般大小齒輪都要卡得剛剛好，才能轉動，否則生鏽了就動不了了，但要記得不變的是「真誠」。言談間提到 fb 的粉絲專頁和 line，雖然蘇大哥對 fb 粉絲專頁和 line 還不是那麼熟悉，但他很願意學習，直問我如何貼照片在粉絲照片上？他有自己的部落格，想多學一點現在網路的使用方法。農友真的很辛苦，除了堅持自己的理想努力耕種外，還要看天候吃飯，時時得留意農產品的通路及開發新產品。

在農田現場裡用山貓挖出來的人參山藥，出土時全鋪排在管子裡。一整年的山藥寶寶挖出來的那一瞬間，才會知道是否能長得頭好壯壯。並不是全部都是生得長長的很好賣，有些呈長條狀、也有些長得小小的彎彎的，就像個電話玩具或是門把。無知羊拿起可愛的山藥寶寶玩得很開心，雖然長得小小的很可愛，殊不知農友一整年的希望都寄託在此，畢竟不是工廠生產出來的罐頭長得一模一樣。農友辛苦一整年，得隨時留意葉子是否健康？排水夠不夠？最後哪些好賣哪些不能賣，我想唯有農友才能深刻體會箇中滋味。當我們看到醜的或奇形怪狀的農產品，請別再抱怨這麼醜怎麼削皮等等。我們該心存感激，感謝農友一整年的辛苦，讓我們才能好好吃頓山藥湯或山藥餅。

還記得之前採訪蘇大哥。羊印象裡馬鈴薯似乎是容易生長的作物，但也不代表農夫的工作就比較輕鬆。蘇榮說：「馬鈴薯一年

一穫，農作物如有病變時很挫折，慢慢地一年年就習慣了。不要抗逆大自然，順天就釋懷了。」我低頭沉思，農業看天工作，我們在買菜的同時，如果能多思考農友的付出與擔憂，體諒他們忍受病蟲害，憂心農作物欠收，那麼我們就不會太計較多付出幾塊錢，因為我們只消數十元就可以享受到最安全美味的食物，這不是很幸福嗎？

我很贊同蘇榮說的，以及他所堅持的理想。這些日子以來，因為接觸許多小農，我更瞭解農耕的辛勤非一般人能體會；每當菜餚上桌時，我不再狼吞虎嚥吃掉食物，而是細細體會這些食物得來不易的過程，愈發內心充滿著無盡的謝意與敬意。我希望更多的消費者，能支持堅持理想的小農，多嚐嚐順天自然的原味農作物！

དཔལ་འབྱོར: Varieties of Life in *Chin P'ing Mei*

山藥肉圓子

材料：

豬絞肉	300 克	胡椒粉	適量
人參山藥	430 克	埔里陳年紹興酒	1 大匙
蔥切長約 0.5 公分	3 根	無調整蕃薯粉	1 大匙
薑切末	1 小塊	雞蛋	1 個
鹽	1 小匙	小茴香	少許
糖	1 大匙		

作法：

1. 先將山藥洗淨，切小塊，用電鍋或蒸籠蒸熟，約半小時。再去皮，搗成泥。

2. 豬絞肉、蔥花、薑末、鹽、糖、胡椒粉、陳年紹興酒、蕃薯粉、雞蛋和小茴香混合均勻，再加上山藥泥。用手或湯匙分成小糰狀，平底鍋加油，將山藥肉圓子煎至兩面金黃或是用電鍋蒸熟山藥肉圓子，約半小時。可直接吃或沾番茄醬、芥末醬。蒸熟的山藥肉圓子，可入菜再紅燒等都可。

心得：

清朝袁枚著《隨園食單》其中「八寶肉圓[4]」和「空心肉圓[5]」以及清朝朱彝尊著《食憲鴻秘》裡的「肉丸[6]」都有著肉圓的做法。當初羊考慮山藥是否先蒸熟再和入，試過先蒸熟再和入更好些，全書唯一出現一次的山藥肉圓子，沒想到如此美味，就像是瑞典肉丸子，先做好蒸熟後放冷凍保存，想吃時再取出加熱。為了凸顯豬肉和山藥的滋味，羊特別加入少許小茴香，去除豬肉的腥，味道更好。

---

[4] 清朝《隨園食單》袁枚著 / 別曦注譯 / 三泰出版社 P.89。

[5] 清朝《隨園食單》袁枚著 / 別曦注譯 / 三泰出版社 P.90。

[6] 清朝《食憲鴻秘》朱彝尊著 / 張可輝編著 / 中華出版社 P.238。

彰化花壇慈愛中醫診所｜林桂郁中醫師

排便反射訓練

臨床上常遇到患者有便秘問題，再詳細詢問患者生活作息，才知道很多人常常是因為忙碌而忽略便便對你的呼喚。

對！就是「ㄍㄧㄥㄞˇ」！

既然無法在想上大號時就去上，那就請每天找一個固定的時間 —— 在你可以放鬆上廁所的時候 —— 來訓練排便吧！

排便反射訓練的方法：

◎ 每天早上起床（最好的時間是早上 5 點到 7 點，此時是身體經氣走到大腸經的時間）先喝一杯熱開水，約 200cc 左右，一口一口慢慢喝；若覺得白開水太淡喝不下，可在熱開水中加入一點點鹽巴。

◎ 喝完水過 10 分鐘後，去蹲廁所：坐在馬桶上，腳下墊個矮板凳（讓大腿往身體靠近，這樣可以幫助直腸放鬆），不要滑手機，也不要看書報，認真的上廁所，有便意時請用力。

◎ 最多蹲 10 分鐘，若上不出來，就算了，不要勉強！

如此訓練，連續 30 天；若初期沒有感覺，還是上不出來，請不要氣餒，持續訓練，一般而言大約 2 星期即可訓練成功。

若無法在早上起來蹲廁所，請找一個你能放鬆的時間，固定在這時候去蹲廁所，訓練你的排便反射。

這個訓練的目的，是要讓你訓練出在固定的時間、你可以的時間出現便意（即排便反射），並在這時候去解放，而不是去憋、去忽略身體的呼喚喔！

暇＿滿

第六章

瓶兒盼西門，竹山趁病入。

和豐雞場 / 南投名間

無藥物殘留雞蛋 / 雞肉 / 雞精

112

113

暇＿滿

和豐雞場

主人：陳弘榮、朱鳳楹

推薦農產品：無藥物殘留豐鮮雞蛋、雞精、雞肉

地址：南投縣名間鄉赤水村瓦厝巷 4-4 號

電話：049-227-2729，0970-271-917，0918-850-029

facebook：和豐雞場 -- 豐鮮蛋

電話訂購或 facebook，宅配貨到付款。

暇＿滿

「說着，兩個小厮放桌兒，拿粥來吃。就是四個鹹食，十樣小菜兒，四碗炖爛下飯：一碗蹄子，一碗鴿子雛兒，一碗春不老蒸乳餅，一碗餛飩鷄兒。銀鑲甌兒粳米投着各樣榛松栗子菓仁、玫瑰白糖粥兒。」（第二十二回）

「西門慶一面揭開盒，裡面攢就的八橋細巧菓菜：一橋是糟鵝胗掌，一橋是一封書臘肉絲，一橋是木樨銀魚鮓，一橋是劈曬雛鷄脯翅兒，一橋鮮蓮子兒，一橋新核桃穰兒，一橋鮮菱角，一橋鮮荸薺；一小銀素兒葡萄酒，兩個小金蓮蓬鍾兒，兩雙牙箸兒，安放一張小凉机兒上。」（第二十七回）

「先放了四碟菜菓，然後又放了四碟案酒：紅鄧鄧的泰州鴨蛋，曲彎彎王瓜拌遼東金蝦，香噴噴油煠的燒骨禿，肥腺腺乾蒸的劈鹹鷄。第二道又是四碗嘎飯：一甌兒濾蒸的燒鴨，一甌兒水晶膀蹄，一甌兒白煠猪肉，一甌兒炮炒的腰子。落後纏是裡外青花白地磁盤，盛着一盤紅馥馥柳蒸的糟鰣魚，馨香美味，入口而化，骨刺皆香。西門慶將小金菊花杯斟荷花酒，陪伯爵吃。」（第三十四回）

「原來這鷄尖湯，是雛鷄脯翅的尖兒，碎切的做成湯。這雪娥一面洗手剔甲，旋宰了兩隻小鷄，退刷乾淨，剔選翅尖，用快刀碎切成絲，加上椒料、蔥花、芫荽、酸笋、油醬之類揭成清湯。」（第九十四回）

李瓶兒的第一任丈夫花子虛去世後，她一心掛念著西門慶早點娶她入門，且將她的財產寄放在西門慶家，而西門慶為了娶李瓶兒，改建打通與李瓶兒的舊家和花園。萬萬沒想到西門慶與陳氏所生的女兒西門大姐和女婿陳經濟，卻帶著家當銀兩連夜從京城逃回來，因陳經濟的父親出事了，牽連門下親族用事人等，將被朝廷發邊衛充軍。西門慶慌了手腳，一方面託家僕來保、來旺到東京打聽，若有不好聲息，趕緊打點後，速速回報。

西門慶急到睡不著，吩咐將花園工程停止，各項匠人都回去不做了。每日大門深鎖，僕人沒事也不敢往外頭去，西門慶只能在房裡走來走去，煩憂不已，早已忘了要迎娶李瓶兒這事兒。李瓶兒等了幾日不見西門慶家的動靜，見大門緊閉。好不容易李瓶兒託馮媽媽找到西門慶的家僕玳安，請玳安轉達。原本西門慶約好端午過後一個月迎娶李瓶兒，眼見著農曆六月已到，李瓶兒朝思暮盼，音信全無。她盼不見西門慶來，茶飯頓減，精神恍惚，到了夜間孤枕難眠。忽聞外邊門開，彷彿見到西門慶來。迎門笑接，問其爽約之情，各訴思念之話。李瓶兒問：「西門慶剛走，門關上了嗎？」馮媽媽慌了，李瓶兒思念西門慶想得心迷了，西門慶根本沒來。自此李瓶兒的夢境裡，夜夜有狐狸假名抵姓，來攝取她的精髓，漸漸地她變得黃瘦，無法進食臥床不起。

馮媽媽建議請大街口的中醫師蔣竹山來看診。蔣竹山不到三十

歲，五短身材，人物飄逸，是個輕浮狂詐的人。將蔣請進臥室看診，李瓶兒靠著墊子坐在床邊，勉強能喝一點茶湯。蔣把完脈後，見李瓶兒長得頗有姿色說：「小人適診病源，娘子肝脈出寸口而洪大，厥陰脈出寸口久上魚際，主六慾七情所致，陰陽交爭，乍寒乍熱，似有鬱結于中而不遂之意也。似瘧非瘧，似寒非寒，白日則倦怠嗜臥，精神短少；夜晚神不守舍，夢與鬼交。若不早治，久而變為骨蒸之疾[1]，必有屬纊[2]之憂矣。可惜，可惜！」李瓶兒麻煩醫生開好藥方，等痊癒後必加重酬謝。李瓶兒吃了蔣竹山的藥後，晚上睡得好，便不再驚恐，漸漸地亦能進食了，也能下床走動，沒幾日就恢復了。

為了酬謝蔣醫師，李瓶兒特別備了酒席和銀兩。因蔣醫師在看診時，早已覬覦李瓶兒，於是李瓶兒的邀約，蔣欣然前往。席間李感謝蔣的醫治，送上銀兩，蔣推卻後還是收下了。酒過三巡，蔣醫師偷瞄李瓶兒驚艷動人，先試探問「不敢動問，娘子青春幾何？」（羊 O.S 在肚子：四百年前沒健保卡，不然看診時早就連生日都背下來了，星座命盤也能查得一清二楚。）李瓶兒二十四歲，接下來蔣醫師假裝關心件件問，後來打聽到原來李瓶兒為了等西門慶娶進門而煩憂。蔣醫師趁機數落西門慶是打老婆們的班頭，因親家那邊有事牽連耽擱連房子都不蓋了，到時親家連累西門慶，自己可能都不保了。為何還要嫁他呢？蔣醫師這些話把李瓶兒說得啞口無言，難怪三催四請都等不到西門慶來。李瓶兒順著話感謝蔣醫師，若有好的人才推薦，李瓶兒樂於接受。蔣醫師打蛇隨棍上問李喜歡哪種好人才呢？李瓶兒答就像醫師這般即可。羊突然覺得現場有

---

[1] 中醫指陰虛內熱之病。
[2] 病危將死。

種電視八點檔的效果灑花轉圈圈……蔣醫師馬上雙膝跪地表示，前妻已死無孩兒，若不嫌棄，這是平生的願望，報恩報德永不忘。李瓶兒續問得知蔣二十九歲，去年妻子去世，家境貧寒。李又說既然你沒錢，我找來馮媽媽當媒人，不用聘禮選個吉時良辰招贅你入門如何？蔣連忙倒身下拜說：「娘子就如同小人重生父母，再長爹娘！宿世有緣，三生大幸矣。」兩人在房內，各遞一杯交杯酒，已成其親事。

蔣離開後，李和馮媽媽商議，西門慶吉凶難保，而李差點喪了命，為此不如把蔣招贅進門。農曆六月十八日成婚。又過三日，李瓶兒湊足三百兩銀子幫蔣醫師開了兩間生藥舖，店面煥然一新。（羊曰：開生藥舖，正好跟西門慶槓上了。）初期蔣醫師到病人家看病只能用走的，後來買了一隻驢子騎著，在街上搖擺著，不在話下。（羊又想 O.S 在肚子了，白話點說，蔣中醫師本來只能騎腳踏車看診，如今已換成了寶馬跑車或蓮花等級了。）

到了農曆七月十五日的盂蘭會，馮媽媽趕著到寺裡幫過世的花子虛燒金紙，在路途遇見了西門慶。他問：「李瓶兒過得好嗎？我隔天去看她。」馮媽媽驚訝西門慶不知情，把發生過程說了一遍。西門慶氣得跌腳，直罵為什麼嫁那個矮王八！回家後遷怒妻妾們，把妻妾們嚇得不敢吭氣。最愛興風作浪的五房潘金蓮立馬跟西門慶說了大房吳月娘的壞話，如果當初不是聽大房的話，也不會落得如此下場啊！西門慶覺得有理，從此賭氣不跟大房說話。潘金蓮自覺西門慶聽她的話志得意滿，每日精心裝扮自己，希望能得到西門慶的寵愛。同時她也開始跟西門慶的女婿陳經濟搞起曖昧了，只要有機會陳經濟總往潘金蓮房裡跑。

農曆八月初，西門慶家裡的花園改建工程已經完成，西門慶某日遇見經常資助的兩個流氓魯華和張勝正在賭錢，他說了關於蔣竹山娶了李瓶兒一事，要他們兩個幫他出一口氣。再者李瓶兒招贅了蔣竹山中醫師約兩個月光景，初期蔣醫師為了討李瓶兒歡喜，調了些戲藥[3]，在縣城前買了些甚麼景東人事、美女相思套[4]之類的，實指望打動李瓶兒的心。蔣醫師沒料到李瓶兒曾在西門慶手裡狂風驟雨都經過的，往往性事不稱其意，漸漸頗生憎惡，反被李瓶兒把淫器之物，都用石砸得稀爛，都丟掉了。李瓶兒罵蔣醫師：「你本蚰蜒[5]，腰裡無力，平白買將這行貨來戲弄老娘！我把你當塊肉兒，原來是個中看不中吃蠟槍頭[6]，死王八！」蔣醫師三更半夜被趕到前邊鋪子裡睡。李瓶兒一心只想著西門慶，不讓蔣進房裡來。（羊曰：這一段道盡了李瓶兒對蔣醫師的不屑。）

流氓魯華和張勝前來蔣醫師的生藥鋪前，假藉購買藥材不滿，再藉機推託三年前蔣醫師借款未還趁機鬧事，搶走藥材，蔣醫師被打得摔進水溝裡，李瓶兒聽見外頭大聲嚷嚷，走近簾下偷聽，看見蔣竹山的狼狽模樣，氣得說不出話，要馮媽媽把招牌等都收了。早有人將此事通報西門慶，他差人吩咐地方，將蔣竹山提解到刑院，流氓魯華遞上蔣竹山寫的借據和保人張勝，喝令痛打三十大板，再押解蔣竹山處三十銀兩交還給魯華，否則帶回衙門收監。蔣竹山步履維艱走回家，哭哭啼啼哀告李瓶兒請她給三十兩銀子，可想而知蔣竹山更是挨一陣罵，最後還了三十兩，才了結此事。魯華張勝得手三十兩銀子交還給西門慶，西則備好酒飯

3　泛指性交時提高性慾的性藥物。
4　女性為了解決性饑渴的自慰之具。美女相思套，類似陰莖套的性器具。
5　蚰蜒。
6　蠟製的槍頭，不硬，不能殺傷人，所以「中看不中吃」。

招待兩位流氓，同時將三十兩銀子轉給流氓當成酬謝金。李瓶兒再也容不下蔣竹山，把他趕出門就此分開了。

李瓶兒一心思念著西門慶，又打聽他家中沒事，心中甚是後悔。農曆八月十五日是大房吳月娘的生日，李瓶兒請馮媽媽給大房送來生日禮：四盤羹菓、兩盤壽桃麪、一疋尺頭和做了一雙鞋。順便請來西門慶的家僕玳安來家裡喝酒，李瓶兒邊跟玳安哭訴著後悔，一心只想嫁西門慶。玳安跟西門慶說李瓶兒比舊時瘦了好些，央求著請西門慶過去，若有任何回音趕緊回她。西門慶雖抱怨還是要玳安傳話給李瓶兒，改天揀個好日子將她娶進門。隔天將李瓶兒的行李全搬到了新建的花園旁，西門慶也不跟大房吳月娘說。選了農曆八月二十日，一頂大轎，一疋緞子紅和四對燈籠迎娶李瓶兒為六房。迎娶當日，西門慶故意不去接轎子，大房吳月娘勉為其難的到門口接轎子。連續兩晚，西門慶為了整李瓶兒，不去新房，到了半夜，等丫鬟都睡了，李瓶兒飽哭一場，走在床上，穿得一身大紅衣，用腳帶吊頸，懸樑自縊。夜裡被兩個丫鬟發現，慌了手腳趕緊把李瓶兒解救下來。擃了半日，吐了一口精涎才甦醒。妻妾們趕緊都到她房裡探望她。

隔日李瓶兒才吃了點粥，西門慶為了展現男人的氣概，對著眾妻妾宣布，別信李瓶兒裝死唬人，待我親眼看著她上吊，不然吃我一頓好馬鞭子。眾人見他這般說，都替李瓶兒捏把冷汗。當晚西門慶把李瓶兒數落了一頓，李瓶兒跪著哭哭啼啼訴著發生的一切，西門慶也不諱言打蔣太醫的流氓是他指使的，李說知道是西門慶使的計。西門慶還是不忘展示男人的雄風問：「我比蔣太醫那廝誰強呢？」李瓶兒答：「他拿什麼跟你比！你是個天，他是

塊磚，你在三十三天之上，他在九十九地之下。休說你仗義疏財，敲金擊玉，伶牙俐齒，穿羅著錦，行三坐五 —— 這等為人上之人，只你每日吃用稀奇之物，他在世幾百年還沒曾看見哩！他拿甚麼來比你？你是醫奴的藥一般，一經你手，教奴沒日沒夜只是想你。」西門慶大喜，趕緊將李瓶兒拉起來，摟在懷裡。

（羊曰：這一段真精彩，打字打得好累啊！作者在書中描繪「錢」和「權」之精闢，作為警世之書，讓世人瞭解在權力和金錢的泥沼裡，要看清自己的方向，否則很容易就迷路了。）

2010 年 5 月羊的美語補習班家長張校長，帶了十顆雞蛋讓我嚐嚐，從煎荷包蛋、水煮蛋到製作各式歐洲麵包蛋糕，雞蛋的品質非常好，做出來的效果更好。之後我一直訂購這家雞場的雞蛋，都是麻煩張校長從山上幫我們帶下來。問過張校長，可以參觀雞場嗎？張校長說：「雞場的陳阿公和阿嬤都是很熱情的人，一定很歡迎你們去參觀。」直到後來才有機會和張校長一起上山拜訪雞場，順便採訪不為人知的雞蛋祕密。

46 年以前，陳文浦阿公幫別人代養小雞，幽默風趣的阿嬤江素杏補充說明就是開「小雞幼稚園」啦。原本是幫別人代養小雞，後來因為新竹的親戚建議何不養些蛋雞呢？自己也可吃到健康無藥物的雞蛋，才開始養蛋雞。剛開始從 2008 年的 80 隻蛋雞養起，至今平均每天產出三千顆雞蛋。

所謂的「小雞幼稚園」專門飼養別人孵出小雞時，他們代養

60、70 和 75 天不等，如果是他們續養的蛋雞，則直接繼續養到 120 天。商業群體飼養的出生小雞們在剛開始前 50 天，一定要打基礎預防針。出生小雞飼養 60 天後，和豐雞場堅持不再放藥，退藥時間長達 60 天以上。

最近驚爆的戴奧辛飼料事件。羊細問飼料來自哪兒？這麼多年來，和豐雞場的飼料都來自大成公司的空白線飼料生產線，亦即是除了飼料外，沒添加任何藥物，包括運送的運輸車都是全部控制，不會有藥物汙染。蛋雞一定要吃飼料嗎？因為商業飼養的蛋雞沒吃飼料，無法經常生蛋，達不到營養，下不了蛋。一般家裡飼養的蛋雞，吃剩飯長大，大約 6、7 天下一個蛋。120 天的蛋雞所生的雞蛋，因為太小還不能販賣，大約要等到 130 多天生下的雞蛋才能販賣。

那這些沒吃藥的蛋雞，如何抵抗疾病呢？和豐雞場有祕密武器：飼料中添加台灣蒜頭、綠藻、益生菌和活酵母。讓這些蛋雞有更多免疫力可以抵抗疾病。陳弘榮說：「我們加在飼料裡的蒜頭，只用台灣蒜頭。有一回廠商送來蒜頭，其中混了一包進口的蒜頭，打進飼料裡，瞬間整桶全變成了淺綠色，我們趕緊退貨。」從這些枝微末節裡，更能感受到小農的用心。

近年來，禽流感似乎已成常態，只要媒體一報導，大家都成驚弓之鳥。阿公回憶著當初幫別人代養小雞的環境，他語重心長地說：「46 年以前，當時沒疫苗、沒藥物，空氣、水等環境很好，最怕雞瘟。雞瘟定論為新城雞瘟，代表著日本新城發生的，在國外才開始研究出疫苗。這些年來，環境改變病毒多，再加上人為

因素，造成大部分的養雞場沒有預防計畫養雞，因為病毒多就得按部就班。大部分抱持僥倖心態養雞，造成養雞界一發不可收拾。當雞生病時，就得下藥例如抗生素等。但當雞得到病毒，無藥可投時，只能先靠疫苗補強。沒有特別預防之下，慢慢走到了禽流感。」

為何會有禽流感？他接著說：「就像人的流行性感冒，雞也一樣，病毒突變快，沒有特定疫苗可以預防和治療，除非養雞界認真養雞才能控制禽流感問題。」兒子陳弘榮憂心地說：「禽流感並不可怕，因為真的發生了，雞兩天就暴斃。其實大家反而更該擔心雞會被下更多藥，因為雞死了，不能放血拔毛。」和豐雞場2008 年轉型養蛋雞，當時一半代養小雞，一半養蛋雞。陳阿公說：「如何對產蛋雞下功夫呢？讓牠們能產好蛋呢？除了細心照顧蛋雞的腸道健康和控制環境，別無他法。」

市面上的蛋雞，一般來說飼養一年多後在停止下蛋時，雞場會停止供應飼料，只供應水給蛋雞，讓蛋雞換毛約 4 到 6 個月後，

繼續下蛋。陳弘榮說：「對大、小蛋，不要有迷思。」蛋殼越薄，代表蛋雞的年紀越大或是第二春以後生的蛋。一般來說雞種不同，有白色殼和褐色殼之分，也和顏色氣候有關。如何選好蛋呢？陳弘榮細心提醒，選光滑的、沈甸甸的。羊還記得多年前有一則連鎖超市的電視廣告，用意很好提醒大家如何選好蛋？結果是選蛋殼表面粗糙的，或許他們進貨的雞蛋殼都是粗糙的吧。

和豐雞場希望繼續維持 5 年來的數量，不敢擴大，因需要更多人力，且雞隻環境很好，才能管理得當。採高架籠式飼養，蛋雞在籠架內有足夠的活動空間。籠子架高的原因，讓雞糞能遠離雞隻，保持乾淨的空間。我問：「近年來新聞媒體每逢禽流感事件，最愛報導的人道飼養是啥？」陳弘榮表示雞是一種怕潮濕的動物，和鴨鵝不同。鴨鵝的羽毛是防水的，且每天都必須在水中清洗羽毛玩耍。但雞呢？雞的羽毛碰到水會糊糊髒髒的，就像流汗衣黏在皮膚上，雖然雞會自己抖水，但終究雞的羽毛不若鴨鵝一般防水，長時間處於潮濕的地上，就容易孳生病菌，譬如：大腸桿菌、沙門氏菌和球蟲病。

他擔憂地說：「土雞平均飼養 100 天，那就是為何雞肉常被驗出球蟲藥，因為雞養在地上跑。生蛋雞更慘，120 天成熟後開始生蛋，最少也要生 365 天，這幾年雞蛋也被驗出乃卡巴精，也是難逃所謂的人道飼養有關吧！台灣屬潮濕的氣候，大部分屬平地飼養，就是在一大棟建築物內養在裡面地上跑的，已經二、三十年了，要說是放牧或是人道飼養都行。那也是為何這些年強推人道或放牧呢？因為商人要賺錢，新聞媒體報導後就更好賣。如果 500 隻雞在栽種草皮一分地的地上跑，不到一個月，草皮就會被

雞啄光和踩死了，因為雞是在地上跑，且雞的排泄物也是在雞的腳下，更何況要養在地上要百天到一年不等的時間。除非有十甲地，只養 500 隻雞在地上跑和生蛋。且經過大學教授統計的資料，每隻雞每天的排便量為 100 公克左右，那簡直是難上加難，除非你自己養百隻內。」陳阿公補充說明之，台灣氣候潮濕，雞踩在地上，容易有球蟲問題，會影響雞的腸道健康。

和豐雞場的雞蛋每年都會兩次送財團法人中央畜產會檢驗。檢驗內容為：必利美達民（Pyrimethamine）、磺胺劑（Sulfa drug）、抗生物質（Antibiotic Substances）和氯黴素（Chloramphenicol）。這些藥物到底是做什麼呢？必利美達民預防在春秋兩季蚊子多時，雞容易被蚊子咬後，生下軟蛋。而其他三種都是雞的感冒藥，有興趣的人可以 Google 一下。陳弘榮強力呼籲「環境衛生」比「人道」更重要啊！他說：「我們堅持產出無藥物殘留的雞蛋和雞肉。」

今年八月初在歐洲延燒的毒雞蛋，起因為殺蟲劑芬普尼（fipronil）。芬普尼廣泛用在去除貓狗等家庭寵物身上的跳蚤，能有效治療家禽身上的寄生蟲紅蟎，但歐盟禁止使用芬普尼治療讓人類食用的動物，包括雞隻。亞洲傳出香港也中鏢後，八月中旬，全台雞場全部抽驗，陳弘榮開心傳來檢驗結果單：「未檢出。」

羊想提醒讀者，一般人不太了解雞隻下的藥有哪些。我們總會看到廣告「不含抗生素」或是羊曾在某市集看過貼出檢驗雞蛋報告只驗一種藥，我想「無藥物殘留雞蛋或雞肉」才是最重要的。經常有人買了和豐的蛋而偷偷送檢驗，這些人總在送驗後沒問題才「現身」稱讚和豐的雞蛋好。曾有香港的貿易商，偷偷將雞蛋

送驗後確定飼料不含「蘇丹素」和其他藥物，而決定將和豐雞蛋空運至香港高級超市銷售。甚至有來自日本的和果子師傅驚艷和豐的雞蛋，做出來的蛋糕如此美味！我想這些讚譽都是來自小農平日累積的努力和實力。

和豐雞場細心照顧的雞蛋能做出各種好吃的麵包點心。幾年前，陳弘榮提及某知名的烘焙店想用他家的雞蛋做義大利聖誕麵包（Panettone），試做過程很順利，對方也很滿意，準備正式量產，對方預計採購每個月固定很大的量，他猶豫著是否該接單？如果接了單，就得推掉大部分的散客，但如果對方抽單，可能會很麻煩，因為蛋雞每天會繼續吃飼料和生蛋。他問我：「能接嗎？」我知道他有很多考量，不過羊認為這是很好的機會，讓和豐的好雞蛋能站上舞台，且顧客吃了好麵包心情也會變得很好。我鼓勵他說：「不要認為你們的雞蛋只是一顆小小的雞蛋，它能成就更好的麵包點心。」後來和豐考慮後相信對方而接單了，同時推掉散客。

過沒多久新聞媒體強力播放對方的義大利聖誕麵包上市，和豐也如期出貨，對方採購卻來電說：「麵包師傅覺得蛋黃顏色不符合，可以改變嗎？」和豐拒絕單一改變一事，陳弘榮表示只要讓蛋雞吃類胡蘿蔔素和辣椒素，就能讓蛋黃變得更橘，但我們要堅持自己的原則，不能想加什麼就亂加，要考慮所有的顧客，不能說改就改，更何況當初試做時顏色各方面等都是符合對方標準，為何突然都不行了？對方因和豐不改蛋黃的顏色而全部抽單，當初說好的訂購量全部取消，最糟的狀況發生了。蛋雞每天繼續吃飼料和生蛋，飼料要錢、雞蛋賣不掉、散客回不來，那是很大的壓

力。最後和豐忍痛決定，只能把那些還沒到一年要殺的蛋雞先處理了。或許對方有不為人知的秘密吧？小農相信烘焙店，沒打任何合約，卻遭遇此事。羊也深感愧疚，如不是我努力說服他們，也不會走到如此田地。

經歷過這樣的危機後，我小聲地問：「還會很難過嗎？」陳弘榮的姊姊靖祺笑著說：「危機就是轉機啊！」陳弘榮堅定地說：「信用真的很重要。」經歷過這些事，我相信和豐會變得更有勇氣面對一切。陳家父子倆齊聲說「人心」很重要。我想照顧雞隻就像照顧乳牛一般，從源頭好好照顧雞的一生，讓雞有舒適的環境和健康的腸道，才能產出好雞蛋和雞肉，進而我們採用好雞蛋雞肉來完成各種美味的食物。

一般人總覺得雞蛋很營養，要小朋友多吃一點。但是真正深究其中的奧秘之後，可真是不能隨便買雞蛋啊！而且如果這些雞場，產出不是很有良心的雞蛋時，多吃雞蛋反而是件可怕的事。這些年來，和豐雞場除了無藥物殘留雞蛋外，多了無藥物殘留土雞肉、烏骨雞肉、雞肉部分分切和各種滴雞精。和豐雞場累積多年經驗和好口碑，平日最少得等上兩三日，若是年節時候，訂單更多，請各位提早訂購，好雞蛋是需要耐心等候的。

- -

干蒸劈曬雞

材料：

母土雞剁塊	半包約 1 斤多
鹽	1 又 1/2 小匙
埔里陳年紹興酒	150 毫升
蔥切段長約 4 公分	3 支
薑切片	1 小塊

作法：

1. 將雞肉剁塊洗淨後，加上鹽、陳年紹興酒、蔥段和薑片，平均抹在雞肉上，放入袋內，冰箱冷藏一晚。

2. 取出醃製雞肉，放入盆內，以大火直接蒸約 40 分鐘，即可直接食用。

雞尖湯

材料：

雞里肌肉切成細絲狀 .... 約 100 克

醬筍或酸笋 .... 1 大匙

芫荽葉切碎 .... 適量

埔里陳年紹興酒 .... 1 小匙

鹽（得留意醬筍或酸笋的鹹度再調整）........ 2/3 小匙

蔥切成蔥花 .... 1 支

胡椒粉 .... 適量

油 .... 1 大匙

水或雞湯 .... 600 毫升

作法：

1. 將醬筍或酸笋洗過鹽份，切成細絲。
2. 鍋內放入油，以油爆炒雞肉絲，加醬筍或酸笋、陳年紹興酒、
   水或雞湯煮至滾，最後加上鹽、蔥花、芫荽和胡椒粉調味。

心得：

羊並沒特別喜歡雞肉料理，但「干蒸劈曬雞」和「雞尖湯」兩道菜讓我
重新喜愛上雞肉料理。簡單的料理手法，只需要好雞肉，加上蔥薑鹽
和紹興酒醃製一晚，隔天再蒸。與清朝袁枚著《隨園食單》裡的「干蒸
鴨[7]」做法類似，且清朝顧仲著《養小錄》亦有「蒸鷄[8]」做法。「干
蒸劈曬雞」出現在書中西門慶與潘金蓮醉鬧葡萄架間及西門慶與酒友喬
事情時所吃之物。

至於雞尖湯，西門慶死後，原為潘金蓮的奴婢龐春梅轉賣至周守備家，
身份地位大改變後，輾轉買下了西門慶四房也是廚房掌廚的孫雪娥，兩
人有著新仇舊恨。龐春梅趁著生病時，想喝雞尖湯，要求孫雪娥用兩隻
雛雞最嫩的雞里肌來做雞尖湯。龐春梅不滿意雞尖湯，命令孫雪娥再做
一次。沒想到龐春梅都不喜歡，孫雪娥順口說了句抱怨的話，僕人將話
傳到龐春梅耳裡，龐氣得直要家僕張勝和李安剝去孫的衣服打上三十大

板，孫堅持不肯脫衣，龐氣得一頭撞倒在地昏過去了。周守備只好讓家僕脫去孫的衣服，打孫三十大板。過沒多久，就把孫雪娥以八兩給賣了，吩咐賣到妓院……

「雞尖湯」雖然好喝，但每當想起這一段故事，坦白說有種無奈和哀傷，讓我不太想再做這湯。

7　清朝《隨園食單》袁枚著／別曦注譯／三泰出版社 P.139。
8　清朝《養小錄》顧仲著／劉筑琴注譯／三泰出版社 P.196。

彰化花壇慈愛中醫診所 | 林桂郁中醫師

轉骨基本概念：關於睡眠、運動、飲食、生活習慣

父母親都希望自己的孩子「高人一等」，所以常在門診聽到父母急著幫孩子「轉骨」。但轉骨＝長高嗎？

講到轉骨，多數人覺得就是要孩子長更高啊！難道不是嗎？當然不只是這樣囉！

其實轉骨真正的含意除了「長高」外，還有「轉大人」的意思，也就是指男孩、女孩由兒童進入青春期，生理、心理成長發育邁向成熟男女的階段。

但大多數父母期待的「轉骨」仍是希望孩子的身高能突破遺傳的限制，不要矮人一截。

『轉骨』？我該怎麼做：

首先要知道，孩子的發育黃金期，一般而言，女生會比男生早，女生大約在 9~10 歲，胸部開始發育就要注意，男生在 12~13 歲，開始出現第二性徵就是長高高峰期。若孩子已過發育黃金期，請先檢查骨頭的生長板是否已經閉合；若已閉合，拍謝！轉骨成效真的非常有限了！

再來，最重要的，早睡！早睡！早睡！台語有句俗諺：「子時若睏ㄝ丟(ㄅㄧㄡ)，卡贏咧呷補藥」！長高發育關鍵的生長激素，在晚上9點到凌晨1點分泌最旺盛，尤其在11點前後，分泌量到達高峰。另外，早上6點前後的一兩個小時，生長激素也有一個分泌小高峰。但是，生長激素要大量分泌有個前提：只有在你深度睡眠時才會發生。所以，要孩子長得高，最好在晚上9點就上床，最遲不要超過10點，並在早上7點以後再起床。在台灣，很多家長會說：「這簡直是不可能的任務嘛!?」我也知道啊！因為門診每個父母都是這樣哀號的！所以呢，至少晚上早點睡，不要錯過生長激素分泌最高峰期，早上早點起來念書吧！成長時間錯過就不再囉！

還有，要長高。

◎ 請孩子務必配合運動，建議每天跳繩30分鐘。（什麼？沒空間跳繩？原地跳、開合跳總行吧！）

◎ 不能喝冰的！連冰開水都不行喔！冷藏過後的食物也請放到回溫後再食用。寒涼類的蔬果也盡量避免喔！例如西瓜、哈密瓜、柑橘類、火龍果……等。

◎ 不能吃甜食，因為吃含糖量高的糖果、蛋糕、餅乾、飲料……等等，會抑制生長激素的分泌。

དབའའབྱུང: Varieties of Life in *Chin P'ing Mei*

第七章

拚三寸金蓮，計搶夥計妻。

種瓜農場 / 南投埔里

有機黑糖蜜 / 有機薑粉 /

有機薑黃粉 / 有機大、小麥草粉

134

135

種瓜有機農場

主人：楊創發、鄧秀香
地址：南投縣埔里鎮種瓜路 99-3 號
電話：049-2910721，0910-584-009
網站：無
購買方式：電話訂購

主要農產品：

有機小麥草粉、大麥草粉、有機薑粉和有機薑黃粉：全年供應。

有機新鮮小麥草和大麥草：10月～隔年3月。

有機黑糖蜜：賣完為止。

暇＿＿滿

「一面吩咐來興兒拿銀子早往糖餅鋪，早定下蒸酥點心，都用大方盤，要四盤蒸餅：兩盤菓餡圓圓餅，兩盤玫瑰元宵餅；買四盤鮮菓：一盤李乾、一盤胡桃、一盤龍眼、一盤荔枝；四盤羹肴：一盤燒鵝、一盤燒雞、一盤鴿子兒、一盤銀魚乾。」

（第四十二回）

「一輪明月從東而起，照射堂中，燈光掩映。來興媳婦惠秀與來保媳婦惠祥，每人拿着一方盤菓餡元宵，都是銀鑲茶鍾，金杏葉茶匙，放白糖玫瑰，馨香美口；走到上邊，春梅、迎春、玉簫、蘭香四人分頭照席捧遞，甚是禮數周詳，舉止沉穩。」

（第四十三回）

羊咩咩說書時間：

大房吳月娘幫家僕來旺兒娶了一房媳婦，娘家姓宋，乃賣棺材宋仁的女兒。先在蔡通判家房裡使喚，後因壞了事而嫁給廚役蔣聰為妻。來旺兒常去蔣聰家叫她來西門慶家做活，因此跟來惠蓮喝酒時用言語挑逗搭上了。不料蔣聰因跟其他廚役分財不均，喝酒時起衝突動刀，蔣聰被戳死在地。後來來旺兒哄月娘，說她會做針指，將她許配給來旺兒為妻。原本因她叫金蓮，不好稱呼，後來改成惠蓮。她小潘金蓮兩歲，今年二十四歲，腳比金蓮還小，風騷放蕩，書中描述「嘲漢子的班頭，壞家風的領袖。」

西門慶早留意了宋惠蓮，故意安排來旺兒押了銀兩前往杭州替蔡太師製作慶賀生辰錦繡蟒衣，並且打理家裡穿的四季的衣服，來回也有半年時程。西門慶安心早晚都要調戲宋惠蓮，在三房孟玉樓的生日宴會上，故意問其他奴婢：「穿紅襖的是誰？搭配了紫裙子怪模怪樣的，隔日許她翠藍四季團花兼喜相逢的裙子配著穿。」過沒多久，西門慶趁著大房吳月娘不在家的日子，和宋惠蓮勾搭上了，只要依著西門慶，想要什麼西門慶都會買給她。日子久了，宋惠蓮身上的裝飾多了不少。書中提醒：「凡家主，切不可與奴僕并家人之婦苟且私狎，久後必紊亂上下，竊弄奸欺，敗壞風俗，殆不可制！」

潘金蓮早知西門慶和宋惠蓮勾搭一事，趁著西門慶和大房不在家時，想整整宋惠蓮。潘金蓮起哄，要孟玉樓和李瓶兒下棋的賭資買金華酒和豬頭。至於燒豬頭，就叫宋惠蓮來做，聽說她只用一根柴禾兒，就能將豬頭燒得稀爛。宋惠蓮心不甘情不願，走到大廚竈裡，舀了一鍋水，把那豬頭蹄子剃刷乾淨，只用一根長柴安在竈內，用一大碗油醬并茴香大料，上下錫古子[1]扣定。不到一個時辰，把豬頭燒得皮脫肉化，香噴噴五味俱全。用大冰盤裝，薑蒜搭配金華酒一起吃。

西門慶和宋惠蓮數次趁著眾人不在時，在山底下藏春塢雪洞兒偷情。有一回，潘金蓮得知偷聽，宋惠蓮說了潘金蓮的壞話，和潘結下樑子。宋惠蓮拿到西門慶給的銀兩，買瓜子等請眾人吃，而她身上的珠子、墜子和衣物，袖子裡的香茶香袋，都是西門慶背

---

[1] 可以密封的深斗的湯鍋。

地裡給她的，其他家僕也都看在眼裡，趁機想分點好處。後來宋惠蓮愈發猖狂起來，更仗勢著背地裡與西門慶的勾搭，把家中大小都看不在眼裡。逐日只和孟玉樓、潘金蓮、李瓶兒、西門大姐和春梅[2]一起玩耍。

來旺兒從杭州回來，進門見了四房孫雪娥。打聽了近況，得知宋惠蓮和西門慶勾搭，來旺兒氣得和宋惠蓮對質，她死不承認。隔天宋惠蓮問了其他奴婢是誰洩露了消息，孫雪娥不敢承認。某日，來旺兒喝醉了，和其他家人小廝恨罵西門慶，邊說要殺了西門慶和潘金蓮。不料被來旺兒的屬下來興兒聽見，來興兒本來就和來旺兒不合，趁機跟潘金蓮告狀。直到夜裡，西門慶回到潘金蓮的房裡，潘金蓮淚眼以告，後來得知四房孫雪娥洩漏消息，把她打了一頓。西門慶問宋惠蓮為何夫婿要殺他，宋惠蓮說道來旺兒和來興兒因工作結下樑子，力勸西門慶把來旺兒派去遠方做生意，往後也方便些。隔日西門慶派工給來旺兒往東京和杭州，來旺兒很開心到處買禮物準備帶著，誰知來興兒又跟潘金蓮告狀。每個人都有自己的盤算，潘金蓮又跟西門慶上眼藥，西門慶轉向策劃把來旺兒除得一乾二淨。

西門慶叫來旺兒，假裝體貼他東京和杭州太勞累，換成來保兒前往。來旺兒對於西門慶出爾反爾感到厭煩，宋惠蓮偷偷問西門慶事情原委，西門慶表示讓來旺兒開個酒店做買賣。某日，西門慶給了來旺兒六包銀子三百兩，要他開家酒店，利息再給西門慶。來旺兒開心地回房告訴宋惠蓮，把銀兩收好。當晚約一更天，院

---

[2] 春梅為五房潘金蓮的奴婢，和西門慶也有一腿。

子裡傳來抓賊聲，來旺兒帶著棍棒前往，宋惠蓮要他留意，沒想到反被構陷抓起來了，來興兒亮出刀子說是來旺兒的。西門慶斥責他，交給六包銀兩（三百銀兩）做買賣，還要帶刀子殺他？眾家僕押著來旺兒到房中，宋惠蓮見狀大哭說：「他去後邊抓賊，何以拿他做賊？」又跟來旺兒說：「我叫你別去，你不聽，只當暗中了人的拖刀之計！」宋惠蓮一邊打開箱子，取出六包銀兩拿到廳上。西門慶在燈下打開觀看，裡頭只有一包銀兩，其餘都是錫鉛錠子。西門慶大怒問：「如何換了銀兩？老實說。」來旺兒哭著：「爹抬舉小的做買賣，小的怎敢欺心抵換銀兩！」西門慶續逼著來旺兒說帶刀子預謀殺他等，連同之前來興兒告狀一事一併處理，來旺兒只是嘆氣，張著口兒合不了了。西門慶說：「既然臟物刀子俱在，把他鎖在房內，明日寫狀子，送到提刑所。」只見宋惠蓮失魂落魄地走向西門慶前跪下說：「爹，這是你幹的營生！他好意抓賊卻把他當賊了。你的六包銀兩我收著原封不動，怎麼可能掉包呢？栽贓也要個天理啊！」西門慶對宋惠蓮說：「這不關你的事，你起來。他無理膽大不是一天兩天的事。現藏著刀要殺我，你不會知道的。」宋惠蓮只跪著不起來說：「爹好狠啊！不看僧面看佛面，我怎麼說，你都不依我。」把西門慶纏得急了，要家僕來安扶宋惠蓮起來。（羊曰：西門慶千算萬算，認定自己就是贏家，就是沒算到女人的心啊！）

隔日，西門慶寫了束帖，叫來興兒做證，押了來旺兒往提刑院去，說某日酒醉持刀殺害家主，又抵換銀兩等事。正要出門，大房吳月娘再三將言勸解西門慶別將來旺送官府，卻引來他勃然大怒，月娘當下羞愧而退。月娘回到後邊，向玉樓眾人等說：「如今這屋裡亂世為王，九條尾狐狸精出世。不知聽信什麼人的言

語，平白把小廝弄出去了，你就賴他做賊，萬物也要個着實纏好。拿紙棺材糊人，成什麼道理？恁沒道理的昏君行貨！」宋惠蓮跪地哭泣，吳月娘和孟玉樓力勸宋惠蓮想開點。來旺兒送至提刑院，西門慶先差遣家僕玳安以一百石白米買通二官。來旺兒不知二官已被買通，仍據實以告，最後引來二十大棍，打得皮開肉綻，鮮血淋漓，關進牢裡。來興兒、玳安回家報告，西門慶滿心歡喜，吩咐家裡小廝鋪蓋、飯食都不送去，但挨打一事，千萬別跟宋惠蓮說，只需跟她說衙門沒打來旺兒，關幾天就放出來了。

自從來旺兒被抓進衙門後，宋惠蓮頭不梳、臉不洗、黃著臉、茶飯不吃，只關門在房內哭泣。家僕們以西門慶的說法力勸宋惠蓮，過沒多久，宋惠蓮薄施脂粉，出來走跳。西門慶趁機和宋惠蓮說只消幾日，來旺兒就會被放出來了，到時讓他做買賣。宋惠蓮很開心地說：「做不做買賣都行，只要你將他派去遠方，若覺得不便，幫他尋個老婆，我遲早都是你的人了。」西門慶滿心歡喜允諾隔日寫帖子要提刑院放人。趁著四下無人，兩人雲雨一番。宋惠蓮對著眾丫鬟媳婦說，詞色之間，未免輕露。孟玉樓將話傳給了潘金蓮，潘氣得說如果宋惠蓮真成了西門慶的第七個老婆，我就把「潘」字倒過來寫。到晚西門慶要女婿陳經濟寫帖子到提刑院放來旺兒出來，被潘金蓮發現力阻，反倒寫了三日內拷打一番，上下官員都被西門慶收買了。幸好有一清官孔目陰先生，不受賄絡，將來旺兒打四十大板、遞解原籍徐州為民。當查原贓，花費十七兩，鉛錫五包，責令西門慶家人來興兒領回。可憐來旺兒在牢裡關了半個月，身無分文，望求押回西門慶家討個盤纏，仍被西門慶趕出家門。而宋惠蓮在屋內，被瞞得像鐵桶似的，不知一字。西門慶威脅家僕，誰敢走漏風聲，挨二十大

板。最後來旺兒只得回到丈人宋仁家哭訴此事，丈人給了他一兩銀子與那兩個公人一吊銅錢和一斗米為路上盤纏，來旺兒就此從清河縣遞解徐州去了。

宋惠蓮每日只盼著來旺兒出來，小廝照樣幫他送飯，其實是送至外邊眾人都吃了。西門慶也哄著宋惠蓮說過兩天就放出來了。直到宋見到玳安問何時放出來時，玳安才說：「來旺兒早晚到流沙河了，打了四十大板，遞解原籍徐州家去了。只放你心裡，別說我告訴你。」宋惠蓮聽完關上房門放聲大哭，取一條長手巾，拴在臥房懸梁自縊。而來昭妻一丈青，住房與她相連，聽見宋哭一回，不見動靜，半日只聽得喘息聲，扣房門也不應，慌了手腳，叫小廝平安兒撬開窗戶鑽進去，見宋在門樞上吊著，一面解救下來，取薑湯撬灌。吳月娘率領著妾和奴婢們都來探視，問什麼事何苦想不開？宋哽咽了一回，大聲拍手拍掌哭起來。後來西門慶也來問為何這麼短視？宋惠蓮覺得委屈，質問西門慶：「你就是個弄人的劊子手，把人活埋慣了。整天只哄著說放出來。你如遞解他，也和我說聲兒。你就信着人幹下這等絕戶計[3]？把圈套做的成成的，你還瞞著我！你就兩個都打發，留下我做什麼？」西門慶笑道：「孩子，不關你事。那廝壞了事，難以打發你。你安心，我自有個處。」只見西門慶到前邊鋪子買了酒和酥燒[4]，派來安送到惠蓮屋裡，宋氣到想砸了酒，被來安勸了。西門慶找了玉蕭勸她，宋每日飯粥也不吃，西門慶又使來潘金蓮勸她也不聽。同時西門慶急著找出是誰洩露給宋惠蓮，威脅不說每人打三十大板，後來得知是玳安洩密，玳安嚇得躲在潘金蓮的房裡，

---

3 使人絕後的計謀，比喻極端毒辣的計策。
4 酥餅。

跪求潘金蓮救他。

潘金蓮意會到西門慶總是留意在宋惠蓮身上，於是心生一計，在後邊唆調四房孫雪娥說：「宋惠蓮怎麼說你要了來旺兒，隨口編了是非，西門慶惱了，才把來旺兒發了，前些日子打你一頓，都是宋惠蓮惹出來的。」孫雪娥聽得氣炸了。同時潘金蓮又去跟宋惠蓮說：「孫雪娥怎麼說你的是非等等。」說得兩邊都懷仇記恨。四月十八日二房李嬌兒生日，吳月娘留眾堂客在後廳飲酒，西門慶往人家赴席不在家。此時宋惠蓮和孫雪娥有了嫌隙而大吵，孫雪娥趁著宋惠蓮沒注意時，打了宋惠蓮的臉一巴掌，打得通紅，後來兩人扭在一起打起來了。慌得一丈青來勸解，吳月娘走來罵了兩句，就各自回房。宋惠蓮氣不過，走到房內，自縊身亡，亡年二十五歲。吳月娘正好送客經過惠蓮房門，房門關著，不見動靜，甚是疑影。待送客畢，再推門已經來不及了。吳月娘見救不活，慌了。連忙請家僕請西門慶回來。孫雪娥擔心歸咎於己，在吳月娘房裡跪著。吳說：「當初大家省言一句話兒便了。」至晚西門慶回家，吳只說宋惠蓮想著來旺兒，哭了一日，趕著後邊人亂，不知道其尋短。西門慶道：「他是個拙婦，原來沒福！」一面差家人遞狀子到縣主李知縣手裡，報說因宋惠蓮在本堂請客吃酒，丟了銀器家伙，她弄丟了一件銀鍾，恐家主回來查問，自縊身亡。又送了知縣三十兩銀子，胡亂差了一員司吏[5]，帶領幾個仵作[6]來看，自買棺材，討了紅票[7]，送至門外地藏寺。給了火家五錢銀子，多架柴薪，才待發火燒毀。沒想到宋惠蓮的父親

---

[5] 官衙中辦案的小吏。
[6] 衙門裡檢驗死傷、代人殮葬的人。
[7] 官府所發，據以焚屍的憑據。

宋仁趕到攔住說女兒死得不明，還要上告，嚇得其他人也不敢燒。西門慶得知宋仁一事，差來興送狀子到李知縣，隨即把宋仁拿到縣府，反告他詐財倚屍圖賴，當廳一夾二十大板，打得順腿鮮血淋漓，寫了一紙供案，不許再到西門慶家纏擾，最後將屍體火化了。而宋仁被打得嚴重，回家時氣已不足，又患上當時的疾病，不到數日也死了。

這是全書中我最震撼的情節。羊生正面臨某一事件，讀完宋惠蓮的故事，羊恍然大悟。書中不正是記得前人的經驗，教導著後人不要重蹈覆轍嗎？每個人每一步都有著各自的盤算，在人生和人性的糾葛裡，誰都沒有最大的把握。西門慶盤算宋惠蓮最後一定會飛奔而來，而潘金蓮步步擔心著宋惠蓮的存在，設計出更多計謀讓其掉入陷阱。但人生除了「算計」之外，難道沒有其他選項嗎？宋惠蓮外遇西門慶能得到更好的生活或者算是威風吧，但畢竟對於來旺兒她還是愧疚的，再加上西門慶的奸巧絕情，對宋惠蓮來說，更是不可承受的重啊！最後她還是選擇了離開。

2006 年，經由朋友介紹，認識了坐在對桌的「種瓜有機農場」鄧秀香。朋友特別告訴我們，「種瓜有機農場」原本可使用機械採收小麥草，但他們考慮當地幾位上了年紀的歐巴桑可能因此沒工作，決定仍然以人工採收。鄧秀香的先生是學機械的，本來很喜歡試用機械來處理很多事，如果改以機械採收小麥草，她們就失業了。這件事讓我留下深刻的印象，鄧秀香笑著說：「歡迎你們到農場來。」

楊創發、鄧秀香夫婦因為有一個共同美麗的夢想，一起生活在綠草如茵的山坡上，點綴著美麗的花朵，有間純樸的木屋，旁邊有許多果樹、蔬菜；前面還有一條清澈的小溪，屋子後有樹林。可以日出而作，日落而息，晴耕雨讀，就是為了心中這幅圖案，結婚後就移居到梨山去實踐夢想。

在山上承租了一塊果園後，第一年照著慣行農法種植，營收豐碩；第二年他們改用有機合成的肥料，再加上自己發酵黃豆漿、海草、牛奶、養樂多等的有機發酵液肥。為讓梨子早開花收成好，就用「春雷」（一種氰化物的農藥）來打破休眠期，提前開花，一片花海非常美。可惜天公不做美，足足十五天的春雨，使梨花無法授粉，花落得滿地都是，於是眼看今年沒得收成。幸好還有另一品種的新興梨，較晚開花，避過雨期。使用朋友建議的勃激素（一種像牙膏一樣的荷爾蒙），塗在果柄上，果然梨子就超級的大，最大的有 34 兩，像鄧秀香女兒的頭一樣大，所以他們很幸運，第二年是賺錢的。

幾年下來體驗到慣行農法種植也不是一片光明前途；噴農藥是苦差事，一年要噴二十幾次，相當於八十幾個工作天要噴藥。噴藥過兩三天，整片園子都還籠罩在農藥味中，左右鄰園噴藥時間不同，根本可以說一年有八個月都生活在毒氣中。鄧秀香表示，更慘的是當噴藥時，就把寶貝女兒關在屋子裡，免得被直接污染了。但是她學走路的時候，曾經突破重圍，興高采烈的晃到我們噴藥的地方，可把我給嚇壞了。接著，我先生持續的疲倦，去檢查才知是急性肝炎，這時我們都體會到，這不是我們理想中的生活方式。

難道種植一定要農藥嗎？以前沒有農藥化肥的時代，人們是怎樣生活的？鄧秀香想起小的時候，家住在山上，四周森林、果園、生態自然、鄰里之間，雞犬相聞、純樸互助、治安良好。可是現在呢？1993年看了雷久南博士的《身心靈整體健康》這本書，啟發了她一個很好的概念，當一個人生病了，要去注意的是身體、心理、心靈與外在環境的健康。於是心中有機農耕這個想法漸漸成熟。開始試著不用化肥，改用有機肥，不用除草劑，改用砍草機除草，不用生長激素，使用低毒性的農藥，採收期間也不用農藥（一般在採收期間照常要用）。兒子也在這期間出生，想要給他們健康無污染的環境有了更迫切的訴求。另外一次啟發是，她某次聽李遠豐博士到梨山演講「有機農業與微生物」議題。有了微生菌代替農藥，那麼以後就可以遠離農藥。鄧秀香表示，有機農業正在起步，雖然很艱難，如果我們做得成，也可以讓其他的農民朋友有信心有方法可循。

開始執行後，問題就來了，微生菌使用太多，有耗氮性的問題，氮是植物生長非常重要的元素，缺氮怎麼辦呢？就補氮，可是氮素太多，蟲害又跟著來，只好又用微生菌。差不多一年的時間，梨樹適應不良快被整死，走回頭再用農藥是絕不考慮的，於是改變跑道換種菜，但是銷售方面還是主要問題。幸好結婚前兩人都是做水果買賣的生意，所以決定一方面在台中縣太平的山上種有機蔬菜，一方面下山來台中開店，推廣有機理念與農產品。

在有機的知識方面，每個人對有機農耕的見解定義也都各不相同。鄧秀香曾經到別的農場去請教有機農耕問題，農場勸他們深思，不要貿然從事，除非他們錢很多。他們錢不多，也真的很快

就花光了。用化肥載一車即可整園撒遍，但是改用有機肥，尤其是粗纖維的，二十車也不一定夠；花了那麼多代價種出來的作物，醜的沒人要還可以理解，漂亮的竟然也沒人要，還讓人懷疑不是有機的。

鄧秀香說：「在有機路上的摸索，等遇到慈心才變得更開闊。我在台中市開了有機店，有一位客人，讓我印象深刻，她專挑長得畸型的紅蘿蔔，她說長得有個性的植物能量較高，而且把這長相奇特的挑走，剩下的，我會較好賣，兩個人都得到好處呀！」鄧秀香曾經窮得要提款兩千元竟然存款不足，也曾差一點繳不起孩子的學費，更曾種有機買不起有機的產品。有機之路，雖然艱辛，走的卻很坦然，路越走越開闊！

我關心有機栽種是否有任何防治？鄧秀香笑著說：「幾乎沒防治。」她又說：「我們找適合的季節，種適合的作物。盡量選在

冬天栽種，因蟲害最少，也無須防治，心情大大不同。」鄧秀香
開心地描述栽種的心情，每到收成的季節，尤其是一整年才收成
一次的作物，那種等待的心情，縱使農作物壞了一半，心情還是
很好。我覺得這是小農的內心寫照，淡泊名利，只求溫飽，或許
一般都市人很難理解吧！

認識秀香五年多來，期間陸續拜訪了幾次，此次為了《金瓶梅詞
話》其中的糖，特別再次前往。這麼多年來，秀香仍舊保有她的
豁達開朗。她帶我走到田裡，她邊介紹著這是新租的田，上頭栽
種火龍果。原本是地主種的火龍果，她很擔心地主會噴藥，力勸
地主不要噴藥，後來地主不想照顧火龍果，她跟地主說那就租給
她吧！羊很好奇想租地的動機。虔誠的藏傳佛教徒秀香笑著說：

暇＿滿

「這就是日常法師常說的光復大地[8] 的想法吧！能盡自己的心力，多承租一塊地，讓土地不會被污染，也不會造成鄰田污染的問題，一塊塊土地就會被光復了。土地光復了，人心跟著轉變，思想開始轉變，不再使用農藥，心就改變了，慢慢的人心也會被光復了。土地沒有毒物，生生不息，有機農地就會愈來愈多了。」我們在炎熱的田裡走著，羊聽到這一段話，特別感動。我說火龍果都是你的孩子啊！她答：「但是我很久沒來看他們了。哈！我是不盡責的母親。」她邊說不知道怎麼判斷火龍果何時成熟，來回在田裡穿梭著看哪些能採，有些被鳥吃了大半。

羊還記得二十五年前在非洲的模里西斯國工作時，模國以蔗糖聞名，羊曾參觀當地的製糖過程，當時試吃了蔗糖的第一產物黑糖，味道之好，讓羊印象深刻。回台後，再也吃不到當年的滋味了。直到幾年前，羊得知種瓜農場以自家栽種的有機甘蔗熬成黑糖或黑糖蜜，黑糖滋味非常好，讓我想起了模國的黑糖。過陣子想再買有機黑糖時，秀香表示因節氣的關係，甘蔗熬不成黑糖，只能熬成黑糖蜜了。原本想試試黑糖蜜是否能直接加入烘焙蛋糕裡，沒想到剛好用摩卡壺煮出來的咖啡，加上有機黑糖蜜，再倒入些牛奶，味道無敵美味。前陣子，她直說快沒黑糖蜜了，就剩這幾箱。焦慮羊問：「真的不再種甘蔗嗎？」秀香說之前熬黑糖

8　日常法師眼見台灣農業生產過程裡大量使用農藥、化學肥料、食品加工過程裡廣泛使用為了增添色香味卻不利人體的化學添加物，不但傷害了與人類有平等生存權利的無辜眾生，最後受傷最重的必定是高居食物鏈最上層、自掘墳墓的人類自己；設想長此以往，人類不是因為吃了太多有毒物質而病死，要不就是餓死，最後不免為了搶奪乾淨的生存資源而相互征戰而死。緣於此，籌設「慈心有機農業發展基金會」，由義工參與台灣的有機蔬果、安全的食品加工認證以及推廣工作。目標是：光復大地，淨化人心。（摘自維基百科）

蜜時，人工不足，熬煮黑糖時得不斷地攪拌，我們的手都扭傷了。羊只能說這是我吃過最美味的黑糖蜜了。

我問她關於甘蔗一事，她笑著說：「本來還猶豫著是否要種甘蔗，上次你說服我，終於決定種下，但今年三、四月才種下，距離年底採收時間不太夠，不然等明年年底再來採收吧！」哈！羊心裡竊喜著，秀香家栽種的有機甘蔗，熬成黑糖或黑糖蜜，可是咖啡牛奶裡最美味的調味啊！連巴西有機砂糖都無法取代，且別家的黑糖或黑糖蜜都不如她家的，如果再也買不到，羊一定會很傷心的。三、四月才種下的甘蔗慢了些，秀香笑著指著她家的甘蔗和雜草長在一起高度也差不多，她說你分辨得出哪些是甘蔗？哪些是雜草嗎？哈！五穀不分的羊完全分不出來。

我們經常說女生生理期很需要喝一碗熱騰騰的黑糖水，尤其是肚子悶悶脹痛的時候特別有效。羊想起羊爸曾說過羊阿公很會做黑糖。我還記得那是小學一年級時，羊爸帶著羊和羊弟搭火車到南投名間的姑姑家，下了火車，走一段路，沿途路上有牛車剛經過，在泥土小徑上留下一坨坨新鮮的牛糞，羊爸叮嚀著我們，要小心別踩到牛糞。沒想到羊弟是搭車恍神還是其他，居然硬生生地踩了牛糞，小小瘦瘦的腳踩在牛糞裡，當時羊年紀小受到驚嚇，覺得牛糞之高，大約有小腿那麼高，好不容易羊爸趕緊將羊弟的腳給拔了出來，抓著他的雙臂，趕緊衝到羊姑姑家刷洗一番。原本快樂出遊的旅程，卻被那坨牛糞給毀了，那雙特別為了探望姑姑而穿的新鞋也毀了。羊姑姑為了療癒我們受傷的幼小心靈，帶著我們來到廚房，給了我們超好吃的黑糖糕。原來羊姑姑很會做黑糖糕，類似中元節拜拜用桂花糕那種，採用糯米炒至熟

而不焦，將其用石磨磨成細粉，慢慢將黑糖加水熬製冒泡倒入和勻，再放入竹製半月型的模子或小陶杯內蒸熟。暗暗的廚房裡，從屋瓦縫隙透進了一點點光，廚房內有個大蒸籠，大蒸籠的下頭是燒柴火的竈，當羊姑姑把冒煙的蒸籠一開，裡頭有好多半月型的黑糖糕正在冒煙，深咖啡色的黑糖糕裡頭有好多小小的黑糖粒，最驚喜的是，品嚐不時地會咬到喀嗞喀嗞的黑糖粒，至今我還記得黑糖糕的美好滋味。可惜的是，直到十幾年前，羊姑姑去世時，沒人學會做黑糖糕。問表哥如何做？他說不知道，就這麼失傳了。饞羊聽著羊爸描述著黑糖糕的製做過程時，好想吃啊！難道真的做不出來嗎？

這幾年，羊到處尋找古早味有關的黑糖糕製品，不是添加人工化學添加物，就是味道全變了。羊不死心，和羊爸一起回憶黑糖糕到底該怎麼做？我說起了「牛糞事件」，輕度阿茲海默症的父親似乎記起了什麼。他說：「好像是將糯米炒至金黃而不焦，糯米在跳舞，再用石磨磨成粉，加入熬至冒泡的黑糖，再放入竹製的模子或陶杯內蒸熟。」他說話時的表情，就像是回到年輕時的樣子！食物會讓人變年輕啊！這也是我首次聽見父親對食物做法的描述。

就這麼些線索，羊一定會做出來的。糯米分長糯米和圓糯米，圓糯米比較黏，那就有機圓糯米了。至於炒至金黃而不焦，到底到何種程度呢？只能小量試試。用平底鍋炒，開中小火，不時地甩鍋。炒至金黃很香，但差一點點就快焦了。羊沒石磨，用香料調理機打成粉。加入有機黑糖和黑糖蜜，只能大概抓了。竹製模子來不及編了，等下回問問台灣工藝所的李榮烈老師。羊暫時用自

製的柴燒小杯裝填。還沒蒸之前的味道很接近了，不知蒸完的味道如何？當我一咬下黑糖糕，天啊！眼淚差點掉下來。口感、味道全回來了，那就是小學一年級吃過黑糖糕的味道啊！

秀香回憶起當初為何想種白甘蔗做黑糖？她說《廣論》裡曾提到「諸邪見者，謂器世間[9]，所有第一勝妙生源悉皆隱沒……」好的傳承，到末法時代就會不見了。如果沒有繼續堅持好的傳承，很多事物都會消失了。她又說小時候父親很會做黑糖，當時沒參與到，長大後，特別跟著父親做黑糖，沒想到買市售白甘蔗做不成黑糖，只好自己種有機白甘蔗。製糖品種的甘蔗為竹蔗，俗稱為「白甘蔗」，粉綠白皮，肉硬而韌。一般來說在一月份種下到年底採收，大約在農曆冬至到立春之間採收、清洗、榨汁到熬製黑糖，全程約 3~4 小時，完全不能停。市售黑糖都是加入泡水過濾石灰來消除泡泡，秀香家熬製的有機黑糖絕不加石灰。秀香說明甘蔗汁的水分少，產生的泡泡會有不同的形態，得留意火候，當泡泡呈現牛眼狀，得留意準備起鍋。舀一湯匙熱騰騰的黑糖蜜放入冷水裡，凝固且可折斷，那就能成為黑糖。她提醒，還原糖如麥芽不會形成黑糖，節氣不對也不會形成黑糖。夏天製出來的黑糖少，水份多。原本冬天 10 斤甘蔗能熬成 1 斤黑糖，夏天得花 15 斤的甘蔗才能熬成 1 斤黑糖，而且做不成黑糖，只能做成黑糖蜜。或許是天氣夠冷，甘蔗才能儲存養分蔗糖，而夏天則還原糖液體（蜂蜜麥芽），還原糖生長的養份。還原糖是春天發芽蔗糖成為作物的養份。她回想起過去父親熬製黑糖的經驗，她說父親的經驗不是每一鍋都熬得成黑糖。剛開始第一年，先跟別

---

[9] 器世間是指我們生活的環境、空間、能受用、享用的外在物質等等。

人買甘蔗試做，也不是每一根甘蔗都可以。也許是品種？種植時間？管理？營養供給？攪拌和吹風？就像巧克力，攪拌空氣進入而成為黑糖的砂狀。

再次見到秀香，她多了個孫女，如今已成阿嬤級了。原本老舊的木屋旁，正在蓋房子。她說木屋住了好多年，小孩的同學來，想了解有機栽培，但總有其他同學揶揄著種有機不好，看看他們住的房子這麼破舊，且木屋是違建，遲早會有問題的，還是改建吧。秀香一家本著善良的初心，一直照顧著幫忙採收的七、八十歲年邁的歐巴桑，人力難尋，也是他們面臨的難關。再者台灣愈來愈多人種有機，品質愈高變相減價打折扣，要品質高價格低，收益不多覺得很累倦怠。幸好還有加工利潤，比較穩定。有些農友計算人力成本時，總是大約計算，甚至忘記算自己的人力。請來幫忙的年邁農友速度不如他們，跟廠商報出去的價格划不來，楊創發堅持要讓更多人能享用，但他們也只能默默承受。她積極想開發新的加工品項，問了我關於國外如何做出來。她笑著說我們還是很嚮往陶淵明的生活啊！木屋旁的小水池裡，有著綠色的荷葉

和眾多貢德氏赤蛙，秀香和楊創發坐在水池旁開心地笑了。

採訪最後，我想起了「天公疼憨人」，也想起了 2010 年美國亞馬遜（Amazon）創辦人貝佐斯在普林斯頓大學的畢業演說：「善良比聰明更難。善良是選擇，聰明是天賦，你需要認識內心的熱情。」羊拜訪多家小農的心得，「專業」和「善良」都很重要，善良是發自內心的慈心和悲心。採訪小農的這些日子，讓我學習了很多新的概念和想法。我漸漸地能設身處地的站在小農的角度重新思考，很多小農甚至終其一生、傾家蕩產地投入有機栽種。我們是否也該轉個角度，重新看看這個世界，在短暫的人生中，多支持有機或無農藥小農，貢獻自己小小的力量，有一天，眾人的力量也會有大大的影響力！

- -

果餡元宵拌糖玫瑰

材料：

糯米粉 .... 300 克
水 .... 適量
果餡：
芒果乾 .... 30 克
蜜漬洛神花 .... 30 克
松子 .... 30 克
中筋麵粉 .... 70 克
乾燥無農藥玫瑰花加有機砂糖 .... 約 30 克
法國伊思尼無鹽奶油 .... 60 克（可視狀況調整）

作法：

1. 將芒果乾、蜜漬洛神花、松子、中筋麵粉、乾燥無農藥玫瑰花加有機砂糖、法國伊思尼無鹽奶油 60 克或更多（可視狀況調整，全部果餡材料混合要成為固狀，不可散開）果餡拌好，分成小糰，每糰直徑約 1.5 公分的小球。

2. 將糯米粉放入竹篩子，再放入果餡，滾動竹匾，果餡沾上糯米粉，若不再沾上糯米粉時，將小糰迅速放入水裡，迅速再撈出放回竹篩子內，繼續滾動，直到數次沾上糯米粉即可。

3. 將鍋內放入水煮至滾，將果餡元宵放入，待元宵浮起來後，再加冷水，再煮至滾，再加一次冷水煮至滾，即可撈起。煮元宵的水加入有機黑糖蜜和乾燥玫瑰花一起吃。

心得：

羊第一次滾元宵，沒想到這麼有趣！二十年前，羊每到菜市場，發現各
種尺寸的竹篩子一定買，總想著有一天一定會用上，所以羊有各種尺寸
的竹篩子。路邊總會看到阿婆用竹篩子曬各種蔬菜或梅子，羊對竹篩子
充滿幻想，想像著自己曬蔬菜或是滾元宵的畫面～如今試過如何滾元宵
後，各種口味的元宵都難不倒我，每顆元宵在竹篩子裡賽跑，看著哪顆
跑得最快，非常有趣！以前最愛去鼎X豐吃酒釀湯圓了，如今自己選
好食材，就能做出好吃的元宵了。

彰化花壇慈愛中醫診所｜林桂郁中醫師

轉骨時機與轉骨建議藥膳

很多父母心急於想讓兒子長得像林書豪、女兒長得像林志玲，常常在很小的時候給孩子吃大骨熬湯或魚骨高湯類為基底的高蛋白、高鈣食物，或年紀小小就常吃中藥燉補；門診上也常見喜歡吃豬皮、魚皮、高脂肪食物、烤、炸類食物的孩子，早早在小一或小二胸部就開始發育、臉部皮膚油膩或長青春痘、體毛粗黑，這些孩子其實都已經補過頭，造成濕熱體質，引發性早熟，往往不利於長高！

孩子性早熟該怎麼辦呢？注意孩子飲食，並找您信任的中醫師，為孩子好好調理濕熱的體質，常常能為孩子爭取更多長高的時間！

那孩子什麼時候可以開始補呢？該怎麼吃補呢？

首先，要先確定孩子的腸胃功能是否健全。一個常常拉肚子、肚子脹氣、怎麼吃都不長肉的孩子，給他一堆補品只會加重腸胃負擔，損傷脾胃元氣，反而影響生長罷了！

這類孩子平時可以喝四神湯或狗尾草排骨湯或雞湯（雞肉建議去掉頭頸部、雞爪、翅膀、雞屁股），先幫助腸胃運化，才能把成長所需的營養好好吸收！

一般在孩子開始出現第二性徵時，建議帶給中醫師評估體質後，再給予適合的藥膳幫助轉骨，切忌擅自購買坊間轉骨秘方，因為很多轉骨中藥會刺激賀爾蒙分泌，太早吃只會適得其反喔！

轉骨長高是成長的一部分，但父母們請千萬別忽略了，更重要的是：教養您的孩子成為一個人格發展健全的大人，身心發展健康，讓孩子有能力、有勇氣與智慧去面對未來的種種挑戰，這遠比養一個 180 公分高的媽寶重要太多了 !!

第八章

王母親傳方，胡僧戒多用。

學習自曬蝦米 / 澎湖馬公

漁慶興水產行

澎湖鮮魚，新鮮宅配到府
陳美倫：0937-604-672
地址：澎湖縣白沙鄉通梁村 28 號

赤崁海產行

乾魚貨、蝦米、章魚乾等
曾沛晶：0983-333-094 / 0933373134
門市：澎湖縣馬公市中華路 80 號
電話：06-993-3378　傳真：06-993-3441
工廠：澎湖縣白沙鄉大赤崁村 32-2 號

正一食品廠

奶油花生酥
地址：澎湖縣馬公市惠安路 6 號
電話：06-9273008

「先放了四碟菜菓，然後又放了四碟案酒：紅鄧鄧的泰州鴨蛋，曲彎彎王瓜拌遼東金蝦，香噴噴油煤的燒骨禿，肥腺腺乾蒸的劈鹹雞。第二道又是四碗嘎飯：一甌兒濾蒸的燒鴨，一甌兒水晶膀蹄，一甌兒白煤豬肉，一甌兒炮炒的腰子。落後纔是裡外青花白地磁盤，盛着一盤紅馥馥柳蒸的糟鰣魚，馨香美味，入口而化，骨刺皆香。西門慶將小金菊花杯斟荷花酒，陪伯爵吃。」
（第三十四回）

「一面放了四碟乾菜，其餘幾碟都是鴨蛋、蝦米、熟鮓、鹹魚、豬頭肉、乾板腸兒之類。」（第五十回）

「不一時，韓道國教玳安上來：『替老爺寬去衣服。』一面安放桌席，胡秀拿菓菜案酒上來，無非是鴨臘、蝦米、海味、燒骨禿之類。」（第六十一回）

「正遞酒中間，忽平安來報：『雲二叔新襲了職，來拜爹，送禮來。』西門慶聽言，連忙道：『有請。』只見雲離守穿着青紵絲補服員領，冠冕着，腰繫金帶，後邊伴當抬着禮物，先遞上揭帖

與西門慶觀看，上寫：『新襲職山東清河右衛指揮同知，門下生雲離守頓守百拜。僅具土儀：貂鼠十個，海魚一尾，蝦米一包，臘鵝四隻，臘鴨十隻，油紙簾二架，少申芹敬。』西門慶即令左右收了，連忙致謝。」（第七十六回）

羊咩咩說書時間：

西門慶因女婿陳經濟的父親出事，為了疏通管道送進錢財而結識東京的蔡太師，其老爺府裡的大管家翟爹想找二房，西門慶請馮媽媽介紹年輕的女孩。馮媽媽說：「你家絨線店夥計韓道國的女孩韓愛姐，年十五，五月初五子時生。」確定後約好一起去韓道國家瞧瞧，誰知西門慶不看其女兒，目不轉睛只看著韓道國的太太王六兒，她上身穿紫綾襖兒，玄色緞紅比甲，玉色裙子，下邊顯得趫趫的兩隻腳兒，穿着老鴉緞子羊皮金雲頭鞋。生的長挑身材，紫膛色瓜子臉，描的水鬢長長的。西門慶見了，心搖目蕩，不能定止。口中不說，心內暗道：「原來韓道國有這一個婦人在家，怪不得前日那些人鬼混她。」又見她女兒生的一表人物，暗道：「他娘母兒生的這般模樣，女兒有個不好的！」事成，韓道國和其他人帶領著韓愛姐前往東京。留下王六兒一人在家，整哭了兩三日。

心懷不軌的西門慶得知只剩王六兒一人在家，託馮媽媽傳話給王

六兒，馮媽媽掩口哈哈笑道：「你老人家，坐家的女兒偷皮匠，逢着的就縱[1]。」馮媽媽暗示了半天，王六兒問馮媽媽是誰的意，她掩口笑道：「一客不煩二主，宅裡大老爹，昨日到那邊房子裡這般對我說。見孩子去了，丟的你冷落，他要和你坐坐日兒。你怎麼說？這裡無人，你若與他凹[2]上了，愁沒吃的、穿的、使的、用的？交上了時，到明日房子也替你尋得一所，強如在這僻格刺子[3]裡。」羊曰爾後兩人凹上了。過數日，韓道國一行人東京回來，翟管家見了韓愛姐，甚是歡喜。王六兒將與西門慶勾搭一事，告訴了韓道國。她說：「自從你去了，來行走三、四遭，纔使四兩銀子買了這個丫頭。但來一遭，帶一、二兩銀子來。第二[4]的不知高低，氣不憤，走來這裡放水[5]，被他撞見了，拿到衙門裡打了個臭死，至今再不敢來了。大官人見不方便，許了要替咱們大街上買一所房子，教咱搬到那裡住去。」韓道國道：「等我明日往鋪子裡去了，他若來時，你只推我不知道。休要怠慢了他，凡事奉承他些兒！如今好容易賺錢，怎麼趕的這個道路！」王六兒笑道：「賊強人，倒路死的[6]！你倒會吃自在飯兒，你還不知老娘怎樣受苦哩！」兩人又笑一回。（羊曰這些人為了金錢，似乎都無所謂了。）

西門慶出城外到永福寺，借長老方丈與蔡御史擺酒餞行。在方丈後邊五間大禪堂，有許多敲著木魚唸經的雲游和尚。其中有一和

---

[1] 坐家的女兒，沒出嫁的女兒。逢與縫，縱與上，都是諧音。這句歇後語說，沒出嫁的女兒勾引皮匠，一拍即合，隱喻西門慶碰上女人都想要弄到手。

[2] 挂搭，勾搭。

[3] 偏僻角落。

[4] 韓道國的弟弟，喜喝酒鬧事。

[5] 撒潑。

[6] 一路栽倒路上死去，罵人不得壽終正寢。

尚，形骨古怪，相貌搊搜：生的豹頭凹眼，色若紫肝；戴了雞蠟
箍兒，穿一領肉紅直裰；頦下髭鬚亂拃，頭上有一溜光檐。就是
個形容古怪真羅漢，未除火性獨眼龍。在禪床上旋定過去了：垂
著頭，把脖子縮到腔子裡，鼻口中流下玉箸來。原來此位高僧來
自西域天竺國[7]密松林齊腰峰寒庭寺下來的胡僧，施藥濟人。西
門慶樂得跟胡僧索滋補的藥丸，順請胡僧到家裡。西門慶令家僕
送上酒肉、頭魚、烏皮雞、舞鱸公、羊角蔥𤋮炒的核桃肉、䐢酥
樣子肉、羊貫腸、滑鰍、兩個肉圓子夾着一條花筋滾子肉名喚一
龍戲二珠湯和裂破頭高裝肉包子。酒足飯飽後，胡僧說：「有
一枝藥，乃老君煉就，王母傳方。非人不度，非人不傳，專度
有緣。既是官人厚待於我，我與你幾丸罷。」於是從褡褳內取
出葫蘆兒，傾出百十丸。吩咐：「每次只一粒，不可多了。用
燒酒送下。」又揭開那一個葫蘆兒，捏取了二錢一塊粉紅膏兒，
吩咐：「每次只許用二厘，不可多用。若是脹的慌，用手捏着，
兩邊腿上只顧捧打百十下，方得通。你可撙節用之，不可輕泄于
人！」

西門慶續問藥的功效？胡僧說：「形如雞卵，色似鵝黃。三次老
君炮煉，王母親手傳方。外視輕如糞土，內覷貴乎玗琅。比金金
豈換？比玉玉何價？任你腰金紫衣，任你大廈高堂，任你輕裘肥
馬，任你才俊棟梁。此藥用托掌內，飄然身入洞房：洞中春不
老，物外景長芳。玉山無頹敗，丹田夜有光。一戰精神爽，再戰
氣血剛。不拘嬌艷寵，十二美紅妝。交接從吾好，徹夜硬如槍。
服久寬脾胃，滋腎又扶陽。百日鬚髮黑，千朝體自強。固齒能明

7　西遊記稱天竺國為古印度，為歷史的地理概念，指喜馬拉雅山以南的整個南亞
　次大陸，包括今日的印度、巴基斯坦、孟加拉、尼泊爾、不丹等國家的領土。

目，陽生姤始藏。恐君如不信，拌飯與貓嘗。三日淫無度，四日
熱難當，白貓變為黑，尿糞俱停亡。夏日當風臥，冬天水裡藏。
若還不解泄，毛脫盡精光。每服一厘半，陽興愈健強。一夜歌十
女，其精永不傷。老婦顰眉蹙，淫娼不可當。有時心倦怠，收兵
罷戰場。冷水吞一口，陽回精不傷。快美終宵樂，春色滿蘭房。
贈與知音客，永作保身方！」西門慶聽了要求方兒說：「請醫須
請良，傳藥須傳方。吾師不傳于我方兒，倘或我久後用沒了，那
裡尋師父去？隨師父要多少東西，我與師父。」遞與師父二十兩
白金，求這藥方。胡僧笑道：「貧僧乃出家人，雲遊四方，要這
資財何用？官人趁早收回！」正要起身，西門慶見師父不肯傳
方，改成贈一疋四丈長布。臨出門胡僧吩咐：「不可多用。戒
之！戒之！」

《金瓶梅》發生的年代在明朝，當時往來眾多色目人，西域來的
師父想必也是其中之一。我想這西域來的胡僧贈與百顆滋補藥
丸，他何嘗不是個生命倒數計時者？西門慶貪心，想求藥方，擔
心後續無藥可用，他真的撐得完百餘顆藥丸嗎？請看下回分解。

_____

《金瓶梅》文內無數次送往迎來間，無論朋友家人間的大小喜
宴、西門慶得子得官位、陷害某人成功、完勝得到某人後所辦的
慶功宴或是妻妾間拿出銀飾典當買酒菜娛樂，總在送禮吃喝間度
過，美食佳餚一道道擺上桌，就像古裝韓劇裡經常出現十多小碟
菜餚。至於廚房掌廚為西門慶四房孫雪娥，在四百年前的廚房
裡，該如何做出這些料理呢？

《金瓶梅》書中出現「王瓜拌金蝦」，王瓜意即黃瓜，金蝦則為蝦米，羊很好奇蝦米是怎麼做出來的？想起了許久沒聯絡住在澎湖的網友陸知慧，想問問澎湖是否有漁友自曬蝦米。書信往返數次後，終於敲定四月中旬到澎湖一遊。

「在沒有風的日子裡的澎湖春天是人間仙境。潮間帶佈滿青綠的海藻蔓延好幾公里，靜靜的海水緩緩的波浪，害羞的候鳥小寶寶忽東忽西好奇的看著訪客。不需要衝浪潛水喧鬧，只要靜靜坐下聽潮聲鳥鳴，喜樂幸福就充滿全身。歡迎來玩！」

製做蝦米的商家是有相識可以拜訪，但不保證可以看到蝦米加工。水產品加工要看漁獲量，這一、兩年蝦子量銳減，是無蝦可曬呀！不過我也會做蝦米，如果沒有畫面，可以爛竽充數一下。」

知慧家住在西衛，途中必經幾家曬麵線的店家，她邊開車邊指著哪家是她常買的麵線。她表示這幾天天氣不好，假使學生的父親出海捕撈蝦，會再通知她。羊靜候著天氣的變化，慢慢感受澎湖的生活。剛抵達馬公市，她帶著我到海邊瞧瞧。沙灘旁的各種海藻、貝殼、珊瑚等，其中有許多貪吃羊從沒見過的海藻，羊趴在地上，隨手抓起一把問：「這能吃嗎？」她答：「太老了，不能吃。」

知慧為澎湖科技大學水產養殖系的副教授，她帶我參觀學校復育海膽的計劃，先育好海膽苗，再流放到海裡。羊首次看到這麼多海膽，種類分紫海膽、馬糞海膽、雜色角孔喧膽、喇叭毒棘海膽和般磨海膽。羊見紫海膽特別熟悉，因二十五年前羊曾在非洲印

度洋上的模里西斯島國工作，海邊旅館的自助餐經常提供超大的
紫海膽，淋上一點檸檬汁直接吃。我好奇地問：「如果海膽沒被
人類抓走的話，牠能活多久？」她說：「之前查過資料，有種品
種海膽最多能活150歲。」哇！在實驗室裡，還有呈水滴狀透
明夢幻的透抽寶寶和超迷你的魚寶寶。我看著知慧和學生討論著
魚寶寶拉肚子時該怎麼辦？吃乳酸菌，這真是有趣的畫面。羊總
是在魚攤前選著要哪些魚或蝦，從沒想過魚生病該怎麼辦。

走進市場，為了了解自曬蝦米的狀況。好幾位賣蝦米的婦女表
示，曬蝦米用的狗蝦產量少價格高，很多人不曬蝦米了。我們到
魚市場選了新鮮狗蝦，知慧貼心提醒選蝦要選食用級、沒加蝦粉
（亞硫酸氫鈉）和頭勿斷的蝦子。原本計劃要曬蝦米，但天候不佳，
改用烤箱低溫烘烤。她笑著說，之前在庭院曬蝦米忘了收，將家
裡的四隻狗往外放時，過沒多久，半盤蝦米已經被吃掉了。

先將四公升的水加200克的鹽（約5~6%）煮沸，再將狗蝦兩公斤
洗淨放入，中大火煮至熟約7~9分鐘（視蝦子大小而定），煮熟才

易去殼。將蝦瀝乾，入烤箱 60~70°C 烤約 6~7 小時，放涼，隔日再烘 1~2 小時，或是選擇日曬得曬很乾，將曬乾或烤乾的蝦米放入棉布袋內，抓緊棉布袋上方，就著牆邊摔，多摔幾次蝦殼就掉下來，再用手剝掉蝦腳，最後實重只剩 215 克（11%）。蝦米不能烤太乾，因不符成本，且太乾燥水份很低，油脂氧化速度增快。若要冷凍保存，蝦米不用烤太乾。蝦米業者煮蝦米時鹽下較重，蝦米含鹽多含水多（或吸濕多）重量增加。天啊！蝦米真是得來不易。

羊首次到澎湖，所見聽聞頗感新鮮。知慧畢業於國立台灣大學農化所博士班，老家在台南新化，23 年前因工作來到澎湖。她說：「每年元宵過後到農曆三月二十三日菜市場才會出現的章魚，今年到現在都還沒出現過。」傍晚時分，我們沿著潮間帶和四隻狗一起散步，在潮水、海藻、各種螺和貝殼之間，找到一個扁船蛸章魚的殼。她說曾為了復原澎湖失去的食譜，訪問了當地的朋友。朋友笑著表示小時候很常吃綠蠵龜煎蛋，就像荷包蛋一

樣，但現在都不能說了。那至於如何復原綠蠵龜煎蛋，大概就很難了。

因她的專業，我們聊起了關於養老麵種。她曾萃取茶葉上的菌，養出了老麵種，羊想起了俄羅斯也有類似養紅茶菌。她接著說曾養過德國超市販售的老麵菌種，剛開始前幾天有水蜜桃香氣，但續養幾次後香氣就不見了。研討會常有人問是否養出雜菌等問題，其實續養過程風味會變但只要發酵力沒問題，是你喜歡的風味就好了，麵種分成小包裝放冷凍，取出部分養死了再從冷凍拿出來繼續養就行了。

澎湖天后宮是全台歷史最悠久的廟宇，於西元 1604 年設立，羊久聞其名，終於親眼見到，有趣的是天后宮樑柱上方兩邊各雕著

螃蟹木雕。而國稅局後方的百年刺桐，長得真漂亮，樹長得彎彎曲曲，她補充說明澎湖風大很多樹都長得如此。道路兩旁的變電箱上圖案，畫的全都是海洋生物。中研院生物多樣性研究中心執行長邵廣昭老師出版了台灣海鮮指南，她很有心，想依春夏秋冬產的海鮮來做澎湖版海鮮指南分類，分成綠燈（建議吃）、黃燈（少吃）、紅燈（避免吃）標誌，讓餐廳可以選擇貼上綠色標籤的貼紙，也讓遊客能更清楚餐廳所銷售的海產屬於哪一類，甚至願意為了環保而去綠色標誌的餐廳或超市。

最適合來澎湖的季節是 5 月中旬到 6 月中旬和 9 月中旬到 10 月中旬。來的季節不對，買的可能是進口或去年的漁貨，4、5 月正是青黃不接的時候。夕陽西下，陽光打進了車子裡，知慧握著方向盤，等紅燈的十字路口感性地說：「水果改良技術，西瓜已經是全年都有了。澎湖有句俗諺：魚蝦是信人，我在這兒生活了 23 年，季節更迭以海鮮的種類來分，每個季節有不同的魚類，頂多慢一點，一年就這麼過去了。」

那天，我們到西嶼的箱網養殖參觀，開車越過跨海大橋，沿途經過造船廠。膽小羊剛到澎湖前兩天雨大風大，被呼呼吹的風給嚇得問個蠢問題：「澎湖人怕風或颱風嗎？」她答：「更怕的其實是寒害。大自然的力量，可能一夜之間所有收成全沒了。就像漁慶興水產行的兄弟，箱網被颱風吹毀，他們看開了，就看老天爺賞飯吃。」

逛菜市場時，發現澎湖的青菜都長得小小的，澎湖絲瓜小小條，哈密瓜小小的，超香超甜的。市場內有各種不同的螺和蛤蜊。澎

湖水果楊梅長得像淡色的小玉西瓜縮小版，比手掌小，皮薄肉香甜，讓人驚艷！她帶我參觀了品質最好的水產行，包括漁慶興水產行買新鮮海產和赤崁海產行買乾魚貨。參觀的過程裡，聽著他們的對話，羊好奇聽著每個人的故事。漁慶興水產行養出得冠軍的石斑魚，品質非常好，喜歡石斑魚的朋友絕不能錯過。主人張國英黝黑的皮膚、戴著眼鏡在大太陽底下，率真激動地說著他家的磺火漁船[8] 是全澎湖唯一的一艘，全台只有 4 艘。這就是澎湖人強韌的特性吧！不畏艱難勇往直前。

知慧擁有中餐的乙、丙級執照，連續幾日，她做出了各種好吃的料理，將當地產 4 種鮮魚做成馬賽魚湯，加入澎湖蛤蜊、石蚵、洋蔥、紅蔥頭、蕃茄罐頭、水、鹽、自家栽種的新鮮巴西里和羅勒。美味食物上桌，醬瓜炒五花肉、章魚乾排骨湯和小卷煎蛋。她教我如何做五味醬沾海鮮，譬如沾剛燙好的小卷。五味醬即為

8　磺火漁船傳統的捕魚技術，利用青鱗魚的強趨光性，點亮強火聚魚，再以叉手網捕撈。

薑、糖、醬油膏、烏醋和蕃茄醬。比率多到少依序為蕃茄醬、醬油膏和烏醋。至於酸菜炒魚塊，澎湖酸菜是用番薯籤煮成的粥來醃酸菜，開胃好吃。

我們在餐桌上邊吃土魠魚羹麵當早餐，邊討論著這是澎湖最好吃的一家，羊覺得超滿足，台灣本島的土魠魚羹都沒這好吃啊。羊在西嶼嚐了好吃的炸粿，用麵糊當底，放入洋蔥、鯊魚塊、高麗菜，最後再淋上麵糊，上頭放上兩隻新鮮的蝦子，呈飛碟狀，用油炸趁熱吃。她邊做菜邊開心地聊著澎湖海菜可煮湯或炸，而澎湖茼蒿像日本春菊，但味道不嗆。而澎湖各家阿嬤如何各顯神通，做出最好吃的料理和點心。有一老阿嬤以狗母魚炒的魚鬆有多好吃，且炒魚鬆的阿嬤說不能燒草，因為會燒死眾生。冬天有很多花菜，多曬成花菜乾。臭肉魚在 6~8 月盛產，用鹽醃作成魚露，鹹又腥的酵素分解像鰻魚的滋味，我想這就是將傳統的東西做應用吧。澎湖的花生依成熟度有紅毛、白毛之分，她對於澎湖產的花生讚不絕口，某一位阿嬤的妙手炒花生手藝做成米果花生。還有一位做鹹粥很好吃的阿嬤真的就不做，再也吃不到了。饞羊聽得真想一整年都住在澎湖。過了四個月後，知慧來台特別帶了澎湖的白毛蒸花生給我，放在冷凍裡，羊在深夜寫書的日子裡，拿出一些些花生解凍後，搭配著用羊製柴燒陶杯盛著埔里山上的東邦 75 年老茶樹熱紅茶一起吃，超級療癒啊！

羊出遊不忘買紀念品。紀念品店街上賣的圓鼓鼓的刺皮河豚，老闆直推銷說：「買一對河豚，掛一輩子！」知慧幫忙選一對漂亮的河豚。傻羊一直以為是生氣的河豚曬乾了，就變成如此模樣。原來是從河豚的肛門處放入氣球，吹過再縫起來處理，做成紀念

品河豚。她說有一年颱風後，漁船出海捕魚捕不到魚，魚都死了，魚網內只捕到河豚，且全都是生氣的河豚，每一隻圓滾滾的在魚網裡，將魚網浮了起來。

知慧言語間還是擔心著漁民使用底拖網，珊瑚礁會被翻動破壞，她說政府會購買圍網，希望漁民儘量減少使用。她又說章魚採捕時間有限制不可亂抓，到了夜晚，為了好抓章魚，潮間帶會有人戴頭燈、在海面上噴油。澎湖燒王船時，沒鼓聲會悄悄經過不可以看，只能在家偷瞄。有一回買菜，農民說隔天得種絲瓜，不然會種出絲瓜鬼，所謂的「絲瓜鬼」就是絲瓜只開花不結果。羊最佩服她訓練家裡的四隻狗，用餐時間一到，狗會自動叼著飯碗前來，待知慧把飯菜裝入飯碗，放到定位後，狗兒們都坐好等候主人發號施令，直到她鼓掌兩聲，狗兒們自動開飯。瞬間我覺得好感動啊！

這麼多年來，知慧所學相關到澎湖教學，融入當地的生活，且不忘她的使命輔導漁民。多年前，我和她只有一面之緣，反而因《金瓶梅》的「王瓜拌金蝦」食譜，再次串起這段緣份，讓羊也能認識澎湖當地人事物，感受著澎湖的烈陽強風，聽著每一個故事，聞著空氣中充滿海洋的味道。此次羊終於學會了如何自曬蝦米，感謝知慧百忙之間，一路上帶著我認識澎湖，我還想知道好多澎湖阿嬤的故事。澎湖其實離我不遠，開車一小時到機場，飛行四十分鐘，那就約定秋天再來吧！

王瓜拌金蝦

材料：

小黃瓜	2 根（約 350 克）
鹽	1 小匙
澎湖自曬蝦米	40 克
胡麻油	1 大匙
蔥切成蔥花	2 根
薑切末	1 小塊
有機糙米醋	1 大匙

作法：

1. 蝦米洗淨、泡熱水，瀝乾水分備用。
2. 將小黃瓜洗淨，擦乾水分，長條對切，再切成小段，加鹽拌勻，醃 30 分鐘，去除水分。再用冷開水沖洗擦乾。
3. 開中火，鍋內倒入胡麻油，加入蔥花、薑末拌炒一下，再下蝦米翻炒幾下，確定鹽度後，再酌量加鹽。離火，倒入碗內，與黃瓜和有機糙米醋拌勻。

黃炒銀魚

材料：

澎湖小魚乾	25 克
橄欖油	2 大匙
雞蛋	3 個
蔥切成蔥花	1 根
薑切末	1 小塊
鹽	1/4 小匙
埔里陳年紹興酒	1 大匙

作法：

1. 將小魚乾洗淨，瀝乾。雞蛋加入蔥花、薑末、紹興酒和鹽攪拌均勻，最後放入小魚乾。
2. 開中火，鍋內倒入橄欖油，燒熱，倒入雞蛋混合液體，煎至兩面金黃，即可食用。

心得：

每次完成《金瓶梅》食譜，讓我震撼不已。除了色香味俱全外，讓人想一口接一口停不下來的美好滋味。簡單的食勿，以台灣小農的食材重現四百年前明朝的美味。就像黃炒銀魚，我從未在煎蛋裡加入紹興酒，沒想到卻是如此好吃；王瓜拌金蝦，有點像西班牙的 tapas，更是下酒的好搭配。

彰化花壇慈愛中醫診所｜林桂郁中醫師

為什麼會中暑？

暑熱概念：

氣象學上以連續 5 天平均氣溫高於 22°C 為進入夏季的指標。依二十四節氣來看，傳統的夏天為立夏（5 月初）到大暑（7 月底）之間。不過台灣因為有北回歸線通過，屬熱帶和副熱帶季風氣候，因此和二十四節氣不同。

依據中央氣象局統計 1981~2010 年月平均溫，台北的 5 月月均溫 25.2°C，到 10 月月均溫還有 24.5°C。隨著暖化現象日趨嚴重，台灣高溫時間只會愈來愈長，夏天從 5 月開始，結束時間則延後至 9 月底，甚至 10 月中旬。

在這麼長的夏季裡，高溫、潮濕、炎熱的台灣，讓人不中暑都難啊 !!

- -

在中醫的概念，暑熱又分為「陽暑」和「陰暑」，是依人體對於外來暑熱邪氣、在不同環境、不同體質所引起的反應來做分類。

◎「陽暑」是我們一般所認知的中暑，因為長時間處於戶外高溫環境，造成體溫調節中樞失常，無法控制體溫及排汗，讓身體無法散熱；嚴重的會造成脫水、休克、電解質流失等熱衰竭的狀況，若不及時處理，甚至會造成器官衰竭、危及生命，如新聞常聽到農夫中暑昏厥就屬此狀況。

◎但是現代人生活離不開冷氣、冰箱，「陽暑」患者並不多見；夏天常見的幾乎都是「陰暑」。

《時病論》：「長夏傷暑，有陰陽之別焉。夫陰暑之為病，因於天氣炎蒸，納涼于深堂大廈，大扇風車得之者，是靜而得之之陰証也。」最常見於天氣炎熱，滿身大汗的情況下，怕熱貪涼的人：馬上進入冷氣房或對著電風扇直吹身體，或是馬上沖冷水澡。這樣對身體施以『冰火九重天』的試煉，對現代體質嬌貴的多數人哪受得了呢！？

『冰火九重天』的試煉會讓皮膚的毛細孔突然收縮，造成體內的熱氣難排出，而出現身體悶熱、汗流不暢、頭痛、昏沉、反胃噁心、筋骨痠痛、倦怠感等像感冒的症狀，這就是「陰暑」，也常稱為「熱感冒」。

第九章

本命燈已滅，西門失妻子。

甘寶生物科技 / 南投市

頂級有機蔭油

天然酸白菜

有機草本臭豆腐

182

183

暇＿滿

甘寶生物科技有限公司（中華有機認證）

主人：王瑞瑩、陳春蓮
地址：南投市東山里東山路 13-8 號
電話：049-222-6889
傳真：049-222-6809
網址：www.kambo.com.tw
購買方式：電話訂購。

推薦農產品：

頂級有機蔭油、頂級有機蔭油膏（味道不偏鹹，亦不偏甜）：適合滷食物、沾餃子、炒菜等等。

綜合酵素：適合每天早上喝一小杯。

天然酸白菜：煮酸菜白肉鍋或用蒜頭辣椒一起炒。

桃米泉泡菜：直接吃。

蜜黑豆：直接吃。

桃米泉系列：
有機香菇醬油、頂級有機蔭油、頂級有機蔭油膏、有機薄鹽醬油、有機壺底蔭油、有機壺底蔭油膏、有機紅麴甜辣醬。

千歲調味醬系列：
有機千歲紅麴、有機千歲米釀、有機千歲豆瓣、有機原味豆腐乳、有機辣味豆腐乳、紅麴千歲腐乳、原味千歲腐乳、香辣千歲腐乳。

綜合酵素、鳳梨酵素、五葉松酵素、土鳳梨酢、薑黃土鳳梨酢、香豆瓣、蔭樹子、天然酸白菜、有機草本臭豆腐、桃米泉泡菜、蜜黑豆。

「說着，兩個小廝放桌兒，拿粥來吃。就是四個鹹食，十樣小菜兒，四碗炖爛下飯：一碗蹄子，一碗鴿子雛兒，一碗春不老蒸乳餅，一碗餛飩鷄兒。銀鑲甌兒粳米投着各樣榛松栗子菓仁、玫瑰白糖粥兒。」（第二十二回）

「先放了四碟菜菓，然後又放了四碟案酒：紅鄧鄧的泰州鴨蛋，曲彎彎王瓜拌遼東金蝦，香噴噴油煤的燒骨禿，肥腺腺乾蒸的劈鹹雞。第二道又是四碗嗄飯：一甌兒濾蒸的燒鴨，一甌兒水晶膀蹄，一甌兒白煤猪肉，一甌兒炮炒的腰子。落後纔是裡外青花白地磁盤，盛着一盤紅馥馥柳蒸的糟鰣魚，馨香美味，入口而化，骨剌皆香。西門慶將小金菊花杯斟荷花酒，陪伯爵吃。」

（第三十四回）

羊咩咩說書時間：

李瓶兒自從生下西門慶的第一個兒子，未過三日，西門慶升為金吾衛副千戶，居五品大夫之職，而將兒子取名為官哥兒，且將孩子在廟裡討外名[1]。五房潘金蓮自從李瓶兒生了孩子後，見西門慶總在李瓶兒的房裡宿歇，於是常懷嫉妒之心，每蓄不平之意。李瓶兒正在房首裡揀酥油蚫螺兒[2]，潘金蓮不聽奶媽如意兒的阻

---

[1] 外名：為賜福子女長命富貴，替小孩寄在僧道名下做弟子，叫寄名。起的法名，叫外名。
[2] 一種用乳酪制成的甜食。又作泡螺。

止，硬是將官哥兒用手舉得高高的到後頭尋媽，遭受吳月娘的斥責別唬著孩子，把李瓶兒慌得走出來接走孩子。到晚官哥兒喝了奶後，睡下沒多久睡夢中驚哭，半夜發寒、潮熱起來，只哭，餵奶也不喝了。吳月娘就知是潘金蓮抱出來唬了他，只說：「我明日叫劉婆子來看他。」劉婆來了，說是受驚，灌了些藥，孩子才睡得安穩。後來西門慶與喬大戶結親，潘金蓮愈看愈不順眼，遭西門慶責罵，回房趁機打奴婢秋菊，愈罵愈大聲，分明指著李瓶兒罵。官哥兒剛睡，李瓶兒只能隱忍，幫官哥兒將耳朵搗著。

潘金蓮房內養隻白獅子貓兒，渾身純白，只額兒上帶龜背一道黑，名喚「雪裡送炭」，又名「雪獅子」。潘金蓮心懷不軌，平日在無人處，以紅絹裹生肉，令貓撲而擭食。官哥兒平昔怕貓，且因上次受到驚嚇後，李瓶兒幫他穿上紅緞衫兒，安頓在外間炕上，鋪着小褥子頑耍。奴婢迎春守著，奶媽在旁拿著碗吃飯。不料，雪獅子正蹲在護炕上，看見官哥兒在炕上穿著紅衫一動動的頑耍，只當平日哄喂他肉食一般，猛然往下跳，撲在官哥兒上，身上皆抓破了。只聽得官哥兒呱的一聲，倒咽了一口氣，就不言語了，手腳俱被風搐起來。慌的奶媽丟下飯碗，摟抱在懷，只顧著唾噦[3]和收驚[4]，那貓還想來擭，被迎春打出外邊了。李瓶兒和吳月娘急著趕來，見孩子兩眼往上吊，不見黑眼睛珠子，口吐白沫，咿咿猶如小雞叫，手足皆動。作者在書中提醒讀者：「常言道，花枝葉下猶藏刺，人心怎保不懷毒？這潘金蓮平日見李瓶兒從有了官哥兒，西門慶百依百隨，要一奉十，每日爭妍競寵，心中常懷嫉妒不平之氣。今日故行此陰謀之事，馴養此貓，必欲

---

[3] 吐唾沫以避邪。
[4] 安撫受驚嚇的孩子。

唬死其子，使李瓶兒寵衰，教西門慶復親于己。」

眾人見孩子只顧搐起來，一邊熬姜湯灌他，一面快叫劉婆來。看了脉息說：「此遭驚唬重了，是驚風。」急著熬燈心薄荷金銀湯，取出一丸金泊丸[5]研磨。見牙緊閉，月娘取下金簪兒來撬開口灌入。劉婆又說，若不行，得再用火艾[6]灸幾個才好。李瓶兒被逼急了，答應劉婆在官哥兒的眉攢、脖根、兩手關尺并心口，共灸了五個，放他睡下。那孩子睡得昏昏沉沉，直到日暮時分，西門慶回來還不醒。西門慶得知事情經過，氣得把貓給摔死了。當時李瓶兒只望著孩子變好，不料被艾火把風灸返于內，變成慢風，內裡抽搐的腸肚兒皆動，尿屎皆出，大便屙出五花顏色，眼目忽睜忽閉，終朝只是昏沉不省，奶也不吃了。李瓶兒急得到處求神問卜，皆有凶無吉。月娘瞞著西門慶又請劉婆來跳神。又請小兒科太醫來看，卻用接鼻散試之：「若吹在鼻孔內打噴嚏，還看得；若無鼻涕出來，則看陰驚守他罷了。」於是吹下去，茫然無知，并無一個噴嚏出來。越發晝夜守著哭泣不止，連飲食都減了。他們試了各種藥方都無效，灌藥也吐了，只是眼睛合著，口中咬得牙格支支響。日西時分，官哥兒嗚呼哀哉，斷氣身亡，只活了一年零兩個月。

先前孩子在時，李瓶兒不舒服，請來任太醫把脉。任太醫診脉為「胃虛氣弱，血少肝經旺，心境不清，火在三焦，需要降火滋榮。」西門慶與太醫說：「小妾性子極忍耐得。」太醫道：「正因如此，所以她肝經原旺，人卻不知她。如今木剋了土，胃氣自

5　此指金泊鎮心丸，以紫河車等藥丸研末成丸，金泊為衣，治心神不寧等。
6　林桂郁中醫師表示原著所提到「火艾」是用艾草灸。艾草灸以前會搓成艾絨，再拿來灸。

弱了。氣哪裡得滿？血哪裡得生？水不能載火，火都升上截來，胸膈作飽作疼，肚子也時常作疼。血虛了，兩腰子渾身骨節裡頭，通作酸痛，飲食也吃不下了。」迎春說正是如此。太醫說：「只是降火滋榮，火降了，這胸膈自然寬泰，血足了，腰脅自然不作疼。經事來得勻嗎？」迎春說：「便是不得準。自從養了官哥兒，還不見十分來。」太醫道：「元氣原弱，產後失調，遂致血虛了。不是壅積了要用疏通藥，要逐漸吃些藥丸，慢慢轉好，否則就要做癆病了。」後來拿到藥袋上寫著「降火滋榮湯。水二鍾，姜不用，煎至捌分，食遠服，渣再煎。忌食麩麪、油膩、炙煿等物。」又打上「世醫任氏藥室」的印記。又一封筒，大紅票籤，寫着「加味地黃丸」。

潘金蓮見孩子沒了，每日精神抖擻，百般稱快。而李瓶兒思念孩兒和着了重氣，把舊時的病症又發起來了，照舊下邊經水淋漓不止。西門慶請來任太醫看診，吃下去如水澆石一般，愈吃藥愈旺，半月之間，容顏頓減肌膚消瘦。適逢重陽節宴客，吳月娘道：「李大姐，你好甜酒兒吃上一鍾兒。」那李瓶兒不敢違阻月娘，拿起鍾兒咽了一口又放下了。強打起精神與眾人坐著，沒多久，下邊一陣熱熱的，又往屋裡去了。李瓶兒回到房裡坐淨桶，下邊似尿只顧流起來了，瞬間眼黑暈眩，撲倒在地。西門慶再次請來任太醫說：「老夫人脉息，比之前甚加沈重些。七情感傷，肝火太盛，以致木旺土虛，血熱妄行，猶如山崩而不能節制。復使大官兒後邊問，若所下的血，紫者猶可調理，若鮮紅者，乃新血。若稍止可有望，不然難為矣。」取回「歸脾湯」。乘熱而吃，其血愈流之不止。西門慶愈發慌，請了大街口胡太醫，說是氣沖血管，熱入血事，但仍無濟於事。

夥計韓道國介紹了門外的趙太醫和喬親家介紹的何老人一起請來看診。喬親家建議先請何老人看診後，再請趙太醫看診，兩人討論出病源下藥。西門慶欣然同意。何老人把脉後說：「面如金紙，體似銀條。看看減褪丰標，漸漸消磨精彩。胸中氣急，連朝水米怕沾唇；五臟膨脬，盡日藥丸難下腹。隱隱耳虛聞磬響，昏昏眼暗覺螢飛。六脉細沉，東岳判官催命去；一靈縹緲，西方佛子喚同行。喪門吊客已臨身，扁鵲盧醫難下手。」何老人和西門慶說：「這位娘子乃是精沖了血管，然後着了氣惱，氣與血相搏則血如崩。老夫人此疾，老拙到家撮兩貼藥。遇緣，若服畢經水少減，胸口稍開，就好用藥；只怕下邊不止，飲食再不進，就難為矣！」

李瓶兒病情加重，西門慶除了去衙門上班外哪兒都不想去，只陪在李瓶兒身旁。沒人在房裡陪李瓶兒時，她出現幻影，擔心有人要奪她性命，西門慶要家僕玳安去廟裡討個平安符回來。剛好遇見西門慶的酒友應伯爵道：「門外五岳觀的潘道士，他受的是天心五雷法，極遣的好邪，有名喚做潘捉鬼，常將符水救人。」玳安討了符貼房內，李瓶兒還是害怕。花子由和馮媽媽都來探視，花子由聽了西門慶所言，建議找塊好棺木備着。西門慶忍著哀傷跟李瓶兒說：「買副壽木，沖[7]你沖，管情你就好了。」西門慶與吳月娘走出房門商量，請陳經濟去尋個好棺木。李瓶兒深知狀況且交代後事，請王姑子幫忙頌《血盆經懺》，請從小跟到大的馮媽媽給了衣服首飾和銀子，再叫奶媽如意兒、奴婢迎春和綉春來。當夜把各人都囑付了。隔日西門慶的妻妾都來探視，李瓶兒

7　此指舊時迷信用某種舉動（如辦喜事、買壽木等）來驅除邪氣，以使病人轉危為安。

拉著吳月娘的手哭著說：「大娘，我好不成了。」月娘亦哭著：「李大姐，有什麼話都說了。」李瓶兒把眾丫鬟如何處理都交代了。最後只剩下吳月娘時，李瓶兒偷偷哭泣地說：「娘到明日生下哥兒，好生看養著，與他多做個根蒂兒，休要似奴心粗，吃人暗算了！」月娘道：「姐姐，我知道！」作者提醒：「只是這句話，就感觸月娘的心來。後來西門慶死了，金蓮就在家中住不牢靠者，就是想著李瓶兒臨終這句話。」

潘道士已到，在李瓶兒房門以慧通神目一視，手拿寶劍，念念有詞。潘道士說：「於夜裡三更正子時，用白灰界畫，建立燈壇。以黃絹圍之，鎮以生辰壇斗，祭以五谷棗湯。不用酒脯，只用本命燈二十七盞，上浮以華蓋之儀，餘無他物。官人可齋戒青衣，在壇內俯伏行禮，貧道祭之。雞犬皆關去，不可入來打擾。」到三更天，建立燈壇完備。潘道士高坐在上，下面是燈壇：按青龍、白虎、朱雀、玄武，上建三臺華蓋，周列十二宮辰，下首纔是本命燈，共合二十七盞。潘道士唸完詞，突然刮起三大風，一陣冷氣把李瓶兒二十七盞本命燈，盡皆刮滅，惟有一盞復明。見一白衣人領兩個青衣人從外進來，手裡持著文書，上頭卻是地府勾批，潘道士看畢說：「本命燈已滅，豈可復救乎？只在旦夕之間而已。定數難逃，難以搭救了。」潘道士囑咐西門慶，今晚切記不可往病人房裡，恐禍及身。直到四更天，西門慶心想，寧可我死了也罷，須得廝守著，和她說句話。於是進入李瓶兒房裡，安慰李瓶兒別擔心。李反而勸西門慶剛才那廝又領著兩個人明日要來拿我。西門慶聽了放聲大哭，兩人抱在一起痛哭失聲。李瓶兒因血流不止，雖在床上鋪上草紙，勸西門慶離開，說這屋裡穢惡，熏的你慌。西門慶不得已，吩咐丫頭仔細看守李瓶

兒。夜裡丫頭都累了，幫李瓶兒換了身底下的草紙，蓋好被子都睡了。沒半個時辰，迎春夢見李瓶兒下炕來推她一把，囑付：「你們看家，我去也。」忽醒，見她嗚呼哀哉，斷氣身亡，亡年二十七歲。

西門慶最愛的女人李瓶兒走了。連家僕玳安都不相信西門慶愛的是李瓶兒的人，而非她的錢財。西門慶在李瓶兒彌留時，所做的一切，足以證明西門慶對李瓶兒的愛。而西門慶渴望愛所做的無理行為，性是工具，愛是藉口，西門慶只想尋找愛情。

2006 年羊到日月潭，除了買有機紅茶外，我都會順便帶一些其他好物，桃米泉有機醬油就是其中之一。32 歲以前，我只會燒開水和泡泡麵，其他烹飪完全不會。17 年前創業受阻，為了調整心情，開啟我自學烘焙烹飪之路。

剛開始買烹飪調味品，選擇到超市買所謂知名品牌，我總會選價格稍微貴一點，看起來好像安全一點的食品。以醬油來說，我選 XX 品牌，相信大牌子應該不會騙人吧！過了幾年，直到某日我留意內容物的明細，發現其中有「食用酒精」，為什麼醬油需要食用酒精呢？而且醬油放在室溫恆久不壞，到底是何種神奇的東西讓醬油永遠都不會壞？羊想做個試驗，當初打開那一瓶含有食用酒精的 XX 牌子的醬油，5 年後再聞其味道， 居然完全沒改變。回家後我試了桃米泉有機醬油，紅燒、燉煮和炒菜，味道非常好，比起過去所買的醬油更回甘。再細看成份：有機黑豆、天

然海鹽和有機砂糖，後面還附註「開封後請置於冷藏」。每一瓶桃米泉有機醬油都是嚴選有機栽培黑豆精釀，作物成長期間絕不使用化學肥料和農藥。猶如埔里最甘醇的桃米泉水，使黑豆自然發酵，遵古法釀造，甘醇、天然、有機、滋養，絕無添加人工甘味、化學成份和防腐劑……我要的就是這麼簡單的醬油啊！

後來我直接在網上買整箱桃米泉有機醬油，幾次後，發現廠商地址在南投市，不就在附近嗎？於是，我打電話問廠商可以直接送過來嗎？因為醬油寄到台北市的網路公司，再從台北市寄回南投市，實在是太不減碳了。廠商答應了，直接送貨過來，第一次我沒遇見他們，且有許多朋友都想合購醬油，我每次總是訂了幾箱。第二次總算遇到老闆娘陳春蓮，我主動提起這麼好的醬油，希望有一天能親自去參觀。陳春蓮笑瞇瞇地答應：「因為工廠正在搬遷，大約需要半年的時間。等新廠房好了，歡迎再來參觀！」

我就這麼使用桃米泉有機醬油十一年多了。醬園就在南投酒廠過去一點點，沿著路右轉順著斜坡往上，首先映入眼簾的是數百

個正在日曬的醬油大陶缸，好壯觀！陶缸旁有一棵老樹，樹下擺
著幾張桌椅，周圍安安靜靜的，我覺得這些醬油們好像都在打
坐……陳春蓮說：「我們之前在工業區內，總覺得做醬油希望遠
離市區，後來才找到這裡。」我說：「這裡很好，看起來很舒
服，周圍很幽靜。」兩代都是製作醬油的老闆王瑞瑩說：「祖父
王英從日據時代就是經營酒廠，因日本人制定酒類專賣，家裡的
酒廠被低價收購，祖父王英一下子從老闆的身份變成領微薄薪水
的專賣局員工。」

王老闆翻著一本很舊的書說：「這就是當初祖父流傳下來製酒的
日文書。」哇！這真的是傳家之寶。後來父親王連松投入自製醬
油、醬菜的行列，從研究生產到銷售，踩著腳踏車載木桶，家家
戶戶放醬油，從木桶做到玻璃瓶裝，再從柑仔店到小吃店，到處
都有王家做的醬油。再者因為工業化生產，市面上出現大量製造
的化學醬油，父親轉而投入醬菜生產為主。

我問：「何時決定開始做有機醬油？」王家夫婦互看後說：「因

為父親洗腎洗了16年。」看見父親的痛苦，王老闆決定投入有機食品研發和生產。甘寶科技公司使用歐盟認證、農委會抽驗的進口有機黑豆，釀造桃米泉有機醬油、有機調味醬及酵素等產品。陳春蓮補充說：「在台灣制訂有機法前，我們都是採用台灣的有機黑豆製作，但是因為新立法，台灣土壤必須從一開始認證，所以目前我們只能用進口有機黑豆釀造。不過這幾年，我們仍在嘉義縣契作有機黑豆，第一批黑豆發芽10公分，颱風一來，全吹垮了。第二批黑豆長得不好，轉成綠肥。現在繼續契作第三批黑豆。」我深深佩服堅持理想、傳承老味道的王家第三代。

王老闆傳承30多年來的釀造技術，自行培養麴菌、製作種麴，並且量化投入生產。有機黑豆經過蒸煮，加入麴菌，等黑豆發酵後，入甕前需翻麴，再放入大陶缸後，表面放上海鹽，頂端鋪上厚塑膠布防塵，再蓋上大陶蓋。靜置發酵，在大太陽底下日曝6個月才能熟成。製作醬油的陶甕來自苗栗，羊跟著王老闆走到戶外，打開已經日曝6個月的陶缸，撥開陶缸上方厚厚的海鹽，往底下看，一顆顆有機黑豆和其汁液，已經充分地發酵、吸飽了養分，我拿起一顆黑豆放入嘴裡，剛開始有點鹹，後來居然不鹹了，而且還能回甘！真是太神奇了。而廠的另一方正以黃豆和小麥，準備做成香菇醬油。

我問：「市面上那些很久不會發霉的醬油是怎麼做出來的？」王老闆說：「工業化大量生產製造的化學醬油，使用沙拉油豆粕做原料，利用鹽酸分解豆子蛋白質轉換成胺基酸，三天就完成化學醬油。」我追問：「加入食用酒精是為了什麼？」王老闆說：「加入食用酒精是為了防腐。所以買醬油時，最好選擇玻璃瓶

裝的。」羊觀察這幾年「有機風」盛行，只要冠上有機或是純釀之類的廣告詞，似乎都能多賣點錢，不過我們得多留意市售醬油的成份，許多廣告不實且到處都是其廣告，宣稱自家的醬油是古法釀造，看成份就知不是那麼回事，一般來說很簡單的食材：黑豆、黃豆、小麥、水、鹽和砂糖。大致如此，如有其他亂七八糟看不懂的成份名，就得注意了。甚至有些廠家直說是自家釀造，其實是跟別人批來的醬油，再做分裝。

我試喝了桌上的綜合酵素，喝下後很順口，整個人覺得很舒服。我問：「好好喝喔。綜合酵素是怎麼做的？」陳春蓮說：「這是由 50 種以上的蔬果及藥草放入陶缸，封缸酵釀熟成 5 年以上。當初有許多師父種的無化學肥料、無農藥的蔬菜水果賣不掉，我們全都收購，做成綜合酵素。」我看見王家夫婦的善心，以陶缸釀造多年的酵素就更有能量。

認識他們近 10 年來，羊經常往甘寶跑，他們總是很靦腆，堆滿笑容熱情地接待。羊想起朋友推薦超好看的日本漫畫《農大菌物語》(尖端出版)，其中的男主角澤木直保肉眼可看見細菌。呵呵，或許他們總是被細菌包圍著吧！我很喜歡甘寶，座落在南投市山區，來自苗栗的陶甕盛著有機黑豆和麴菌，蓋甕前表面覆蓋著厚厚的粗鹽。群山環繞、蟲鳴鳥蛙叫，天空有老鷹飛翔著。有機黑豆在陶甕裡禪坐最少 6 個月，才能成為有機頂級醬油。他們絕不用那些亂七八糟的人工化學添加物，好食材加上時間的等候，才能成就好食物。

王老闆表示這些年的食安風暴，造就了更多人注意食品安全，且時代變遷，讓更多人懂得有機。近年來甘寶開發了新產品，有機原味、辣味豆腐乳、天然酸白菜和有機草本臭豆腐。他們掩不住內心的開心說這臭豆腐是全台第一個有機臭豆腐。至於天然酸白

菜是每年過年做給自己吃和送給親友的。羊很好奇為何想開發有機臭豆腐呢？王老闆說：「自家產品有豆腐做成的豆腐乳，現成的豆腐就想到可以做成臭豆腐。」陳春蓮笑著補充說明本來就很喜歡吃臭豆腐，吃臭豆腐很紓壓，況且市面上尚無有機臭豆腐。與往年不同的是，王家第四代接手了。

王老闆笑著示意要大兒子王家川說明開發的過程。這是第四代第一次開發新產品，他靦腆的笑著說從民國 105 年先上網查怎麼做臭豆腐，將蔬菜打碎泡豆腐，但味道始終跑不出來，直到有位新加坡的朋友教導如何做臭豆腐，小量試比率終於試成功了。將有機野莧菜當滷水，用野莧菜培養臭豆腐菌 3 個月，再將有機豆腐泡在一起視天氣約一至二天，漸漸地豆腐產氣，就像氣球般浮起來。望眼一看，甘寶廠房前大樹旁有好幾大桶深色的桶子，裡頭裝的都是有機莧菜滷水。王老闆接著說：「天然酸白菜則用鹽醃，加鹽發酵，白菜自然產生天然乳酸菌，輔以控制溫濕度環境適合成長，自然發酵就會回甘。市售酸白菜，若非自然發酵，當加鹽醃至 20％再洗掉鹽分剩下 3％，白菜不酸加人工冰醋酸，會有刺鼻味，且酸而不回甘。」

目前全台各大賣場幾乎都有甘寶的醬油，或是甘寶代工的醬油。我問：「有特別去跑通路嗎？」王老闆頗得意地說：「只要堅持製造技術做得好，讓別人來找我。」至於醬油的顏色，王老闆說我們採用原色原味不調色，夏天和冬天的顏色不太一樣。醬油透明不添加焦糖色素，製成醬油膏添加糯米勾芡呈琥珀色，因不加穩定劑和抗氧化劑，且有機糯米為農作物，天然穀物因氣候環境產生澱粉純熟度韌性有些不足，產生上下層或分離的現象，這為

正常的現象，請於分離時上下搖一搖。

陳春蓮的姊姊也在甘寶工作，她說常有客人說我們是有溫度、有理念的公司，來到工廠感覺完全不同。今年他家的產品「樹蔭子」也成 520 總統就職典禮「樹子蒸龍膽」的食材。羊採用甘寶的「樹蔭子」去籽後加上雞蛋一起煎，非常美味！王老闆微笑地拿出在附近拍的、手機裡的照片秀給我看說：「這是虎皮蛙的蝌蚪。」甘寶四周群山環繞，蟲鳴鳥叫，老鷹在天空飛翔著，羊走出廠外環繞一圈，望著庭院裡那棵好大的樹，我想這也是他們期待許久的生活。就像禪坐在陶甕裡的有機黑豆，王家人總是安安靜靜、靦腆的笑容，表現出他們最大誠懇。不知為何，看見他們認真努力生產好的食物，覺得好安心。謝謝他們願意提供好食物。

油煠燒骨

材料：

豬小排	1 斤	橄欖油	1 大匙
綠竹筍	1 根	有機糖	2 大匙
鹽	1 又 1/2 小匙	杜康行有機糙米醋	1 大匙
埔里陳年紹興酒	2 小匙	無調整蕃薯粉	1 大匙
蔥切成蔥花	2 根	高湯或水	4 大匙
薑切成薑末	1 小塊		
桃米泉有機頂級蔭油	1/2 小匙		

作法：

1. 將豬小排加 1 小匙的鹽醃約 15 分鐘。再將鍋內裝水煮至滾，放入切塊的豬小排，以中大火續煮，約 30~40 分鐘，直到可用手推出排骨。

2. 將綠竹筍去殼切成長條狀，大小可塞入原本排骨的位置，盡量讓豬肉緊扣著筍子。熱油鍋，約七八分熱時，油炸豬肉塞筍子，直到金黃。

3. 另取一鍋，放入橄欖油，加入蔥、薑、醬油、1/2 小匙鹽、高湯或水、紹興酒、糖煮滾，加上蕃薯粉，翻炒後，淋上有機醋，最後放入排骨翻炒後即可完成。

心得：

羊上菜市場買黑豬肉小排，賣黑豬的劉太太問：「要做成什麼用的？」羊說明朝食譜。她頓時瞪大眼睛又問一次。旁邊的婆婆媽媽全擠過來，問怎麼做？突然有種錯愕，羊在菜市場教婆婆媽媽怎麼做四百年前的明朝食譜。嘻嘻。

「油煠燒骨」類似現今的糖醋排骨和清朝袁枚《隨園食單》的「排骨」，取其骨，以蔥代之。油煠燒骨則是以鮮筍代之。炸排骨得分兩次炸，先中溫，再高溫。我極少做炸物，得試試炸的方法。希望能做成。

排骨以有機海鹽醃過，以滾水煮到半熟，去其骨。為了不讓肉的甜味跑到水裡，所以不能煮到軟爛。排骨的形狀影響著是否能直接去骨，不需要另外以小刀去骨。用手推出骨頭即可。

將新鮮的綠竹筍去殼切塊，大小剛好，塞進原本放置骨頭的地方。這個步驟很有趣，塞進筍子，前後切除多餘的。熱油鍋，將排骨分兩次炸，分別以中溫和高溫炸，炸至金黃酥脆。

鍋內熱油，加入蔥薑末拌炒，再加入有機醬油、有機糖、紹興酒、蕃薯粉調水和有機糙米醋，稍加拌炒，即可食用。製作過程繁瑣，但滋味如何呢？咬下酥脆酸甜。真的是香噴噴啊！ 非常好吃。

彰化花壇慈愛中醫診所 | 林桂郁中醫師

如前所言，現代人中暑多屬「陰暑」，因為身體熱，毛細孔大開，身體準備散熱的狀況下又突然進入有冷氣的環境而受寒，人體無法調適溫差如此大的變化，造成體內熱氣無法及時散出而引起頭痛、筋骨痠痛、怕風、反胃想吐、睏倦、腹瀉等症狀。

中暑了，我該怎麼辦？

首先，預防為上上策。要從高溫環境進入有冷氣的室內，請不要貪涼，急著衝進冷氣房，請在室外等個 3~5 分鐘，讓身體稍微散散熱，把身上的汗水擦乾，可以的話披個薄外套或圍巾或戴個帽子再進入冷氣房內，可以防止毛孔因受寒而馬上閉阻造成散熱不良。

哎呀！我忘記了！運動完忍不住衝進小 7 灌了一杯冰，現在好像發燒、頭痛、反胃想吐、胃痛。醫生，我該怎麼辦啊？

回家後請先洗（泡）個紫蘇澡（註1），洗好澡可千萬別再電風扇直吹或狂吹冷氣ㄡ！再來用大量（3~4 根大姆指大小）嫩薑（註2）、2 根蔥

白煮個清粥或清湯喝，之後好好睡覺休息。一般狀況，如此自我護理可以改善，情況嚴重者還是要就近找中醫師好好修理一番囉！

- -

（註1）**紫蘇澡**

方法：中藥房買 40~50 公克乾燥紫蘇葉（若有鮮品亦可），準備一鍋 5000 CC 水，大火煮滾後將紫蘇葉放入，煮 5~8 分鐘待香氣出來後關火，稍微放涼，過濾後拿來泡澡或擦澡。紫蘇辛、溫，可以發汗解表，行氣寬中，幫助把毛孔打開，讓悶住的熱散出。

（註2）**蔥薑粥**

如果沒有嫩薑也能用一般炒菜用的薑母，只是用量只需嫩薑一半即可。若家裡有新鮮的紫蘇葉，可加 2~3 片到蔥薑粥中，效果更好。

- -

第十章

嗜慾至油枯，父死而子生。

水里農會 / 南投水里

無農藥無添加脆梅

水里鄉農會

總幹事：張啟荃
電話：049-2772101
傳真：049-2772107
南投縣水里鄉農富村民生路 362 號
http://www.i-plum.com.tw/

梅林居

盧振祥 班長

電話：049-2821178
　　　0937-248763，0921-704790
南投縣水里鄉上安村三部七路 3 號
fb: 梅林居盧溝橋咖啡

暇＿滿

「半日，只見春梅家常露着頭，戴着銀絲雲髻兒，穿着毛青布衫兒，桃紅夏布裙子，手提一壺蜜煎梅湯，笑嘻嘻走來，問道：『你吃了飯了？』西門慶道：『我在後邊上房裡吃了。』春梅說：『嗔道不進房裡來，把這梅湯放在冰盤內湃着你吃？』西門慶點頭兒。春梅湃上梅湯，走來扶着椅兒，取過西門慶手中芭蕉扇兒替他打扇……

西門慶道：『等我吃了梅湯，等我摑混他一混去。』於是春梅向冰盆倒了一甌兒梅湯與西門慶，呷了一口，湃骨之涼，透心沁齒，如甘露灑心一般。」（第二十九回）

羊咩咩說書時間：

麗春院為西門慶常去的妓院，其中兩大牌為鄭愛月和李桂姐。早期西門慶包養李桂姐，而李桂姐為了錢，曾背著西門慶偷偷接客，為此西門慶還大鬧麗春院，後來西門慶接受了李桂姐的道歉，但難免還是有疙瘩的。而鄭愛月在西門慶遭逢官哥兒和李瓶兒去世低潮的日子裡，細心體貼獻上親手揀的只有李瓶兒會做的酥油泡螺兒和親口嗑的瓜仁兒。

王三官與李桂姐打得火熱，西門慶早有耳聞。鄭愛月為了處理對手李桂姐，特別跟西門慶獻上一計說：「王三官娘林太太，今

年不上四十歲，生的好不喬樣，描眉畫眼，打扮狐狸也似。他兒子鎮日在院裡，他專在家只做外賣。假托在個姑姑庵兒打齋，但去就在說媒的文嫂兒家落腳。文嫂兒單管與他做牽兒，只說好風月。我說與爹，到明日遇他遇兒也不難。又一個巧宗兒：「王三官兒娘子兒，今纔十九歲，是東京六黃太尉侄女兒，上畫般標致，雙陸棋子都會。三官常不在家，他如同守寡一般，好不氣生氣死，為他也上了兩三遭吊，就下來了。爹難得先刮刺上了他娘，不愁媳婦兒不是你的。」西門慶聽得心邪意亂，趕緊請玳安找來當初女兒西門大姐和陳經濟的媒人文嫂牽線。文嫂在林太太前，把西門慶形容多有錢多有勢，同時讓林太太煩惱不已兒子王三官總是上妓院一事，將不再發生。

直到西門慶偷偷摸摸從巷子裡進入林太太家，先在大廳喝茶後，林太太在後邊房門簾裡觀察看順眼才行。只見西門慶身材凜凜，語話非俗，一表人物，軒昂出眾；頭戴白緞忠靖冠，貂鼠暖耳，身穿紫羊絨鶴氅，腳下粉底皂靴，上面綠剪裁絨獅坐馬，一溜五道金釦子，就是個富而多詐奸邪輩，壓善欺良酒色徒。林太太一見滿心歡喜。兩人道貌岸然對話一番，一方擁有眾多妻妾，除了上妓院外，搞上不少已婚婦女。另一方除了高級賣淫外，還要對方規勸兒子別再上妓院。這是多麼諷刺啊！對西門慶而言，能搞上官夫人無比尊榮，縱使年紀比他大，多少還是有些自卑的心態。

西門慶自從拿到西域胡僧的滋補藥丸，李瓶兒死後，彷彿進入另一個瘋狂的世界，不斷地找不同的女人試，從中得到成就感。包括自家夥計賁四的太太，先將夥計派去外地，找家僕玳安前往試

探，願意的話帶回她的手巾，確定她家無其他人再前往。隔幾天，趁著王三官不在家時，再次拜訪林太太，為了炫耀和降服貴族階級的林太太，此次特別穿了白綾襖子天青飛魚衣前往，事後還在林太太的身上燒了兩炷香。當天西門慶跟吳月娘提腰腿疼一事。隔天，想起了之前任醫官給他的延壽丹，得用人乳一起服下，叫官哥兒的奶媽如意兒擠乳。望著如意兒打扮與往常不同，見四下無人，心生邪念，事後還在如意兒身上點了三炷香。作者提醒：「不知已透消息，但覺形骸骨節鎔。」

隔日潘金蓮生日，西門慶繼續玩耍。再隔幾日，西門慶在家中宴請各堂課飲酒。來了個稀客，是何千戶的娘子藍氏，西門慶悄悄在西廂房放下簾來偷瞧，年紀不上二十歲，生的長挑身材，打扮的如粉妝玉琢，頭上珠翠堆滿，鳳翹雙插，身穿大紅通袖五彩妝花四獸麒麟袍兒，繫著金鑲碧玉帶，下襯著花錦藍裙，兩邊禁步叮咚，麝蘭香噴。西門慶不見則已，一見魂飛天外，魄喪九霄。西門慶目送藍氏，心裡想著藍氏，餓眼將穿，饞涎空嚥，恨不得就要成雙了。正巧遇見僕人來爵兒的媳婦，心有邪念，勉強充數也行。作者提醒：「次第明月圓，容易彩雲散，樂極悲生，否極泰來，自然之理。西門慶但知爭名奪利，縱意奢淫，殊不知天道惡盈，鬼錄來追，死限臨頭。」

再隔一日，夥計韓道國的太太王六兒捎來黑臻臻光油油的青絲，用五色絨纏就的一個同心結托兒，用兩根錦帶兒拴著，安放在麈柄根下，做的十分細巧工夫。另一件為兩個口的鴛鴦紫遍地金順袋兒，都緝著迴紋錦繡，裡邊盛著瓜穰兒。西門慶滿心歡喜。（羊曰：這些女人一個個都很厲害啊！知道如何抓住西門慶的心。）沒多久，

西門慶前往王六兒家，心裡頭想著藍氏，喝酒縱慾許久才返家。夜裡三更，騎馬返家途中，在橋頭突見黑影從橋下竄出，把西門慶嚇得魂飛魄散。被扶進潘金蓮的房裡，呼呼大睡。不安於心的潘金蓮慾火燒身，搖醒西門慶問胡僧的藥丸在哪兒？只剩最後四顆，自己吃了一顆後，其餘三顆，以燒酒送入呼呼大睡的西門慶口裡。潘金蓮只顧著自己的快活，最後西門慶精盡繼之以血，血盡出其冷氣而已，良久方止。作者提醒：「一己精神有限，天下色欲無窮。又曰：嗜慾深者，其天機淺。西門慶只知貪淫樂色，更不知油枯燈盡，髓竭人亡。」

爾後數日西門慶頭暈，找來數個太醫都無效。西門慶交代後事後，過兩日，三十三歲而去。正月二十一日五更時分，像火燒身，變出風來，聲若牛吼一般，喘息了半夜。捱到早晨巳牌時分，嗚呼哀哉，斷氣身亡。西門慶一倒，棺材尚未備好，吳月娘慌得打開箱子取出四錠元寶打發家僕買棺木，同時她肚子疼也昏倒在床上，奴婢忙著找蔡老娘接生去。而二房李嬌兒趁著兵荒馬亂時，偷了箱子內的五錠元寶。她生下了兒子就稱為孝哥兒，眾街坊鄰舍都說：「西門慶大官人正頭娘子生了一個墓生兒子[1]。就與老頭同時同日，一頭斷氣，一頭生了個兒子。世間少有蹺蹊古怪事！」

羊出生於南投水里，自從國中畢業後，離家求學工作多年，對水

---

[1] 遺腹子。

里一直有份很深的感情。這麼多年，街上的每個角落，閉上眼歷歷在目。羊爸年輕時是載木材的卡車司機，每天早出晚歸，羊媽總會幫羊爸準備兩個便當，為了讓便當不會餿掉的方法就是放入一顆醃梅子。梅子讓我想起了許多回憶。從小羊媽每年都會釀製梅子，從洗淨、挖蒂頭、用竹籤子曬乾、加鹽、用石頭壓至出水、瀝乾水和最後加糖，放入玻璃罐內，約一年才能熟成。羊媽總是忙著洗梅子，羊爸則幫忙用牙籤挖出梅子的蒂頭。每到清明節前後，家裡忙進忙出就是為了醃梅子，這是每年最重要的事，好像沒醃梅子，就少掉了一件重要的事。這幾年父母年紀大已不再醃梅子。

「水里就是家」，我想唯有如此貼切的文字，才能表達我對家鄉的愛。當《金瓶梅詞話》第二十九回裡出現「梅湯」二字時，羊腦海裡浮現的還是水里的梅子。親和力超強的水里鄉農會總幹事張啟荃，原本在銀行界工作，當他提出對農會的熱情，他除了堅持合理用藥外，還有幾項正在努力的方向。他說：「原釀健康醋大約一年釀製一至二次。小葉種紅茶栽種在無污染的山裡，採用夏茶去做，今年7月即將收成，用做烏龍茶的方法做成條狀全發酵紅茶，此批小葉種紅茶，數量少，只能小賣，甚至可能不夠。水里民和村為濁水溪的正源頭，今年正在試種不用藥的稻米，至於是哪種稻米，很可能是仁愛原生稻。隨著季節、候鳥等，堅持以環保生態不用藥的方式，甚至給鳥吃，在濁水溪的正源頭，栽種出有機無毒真正的正濁水米。」羊離家太久，對於家鄉所栽種除了梅子以外的農作物更感到好奇，同時也對於張總幹事積極的力量充滿希望。他接著說：「原釀健康醋、小葉種紅茶和稻米都是農會的生命。再者栽種在上安村的臍橙，採環境工法，還

有咖啡和栽種在永興頂坪村的可可，希望在 3~5 年內推出有機無毒量產。從大可可、生豆、烘好、粗磨到細磨，推動巧克力DIY。」他邊拿出大可可的外殼，邊說著他的遠景。羊頗驚訝原本以為只能栽種在屏東的可可，沒想到水里也能種了。

羊跟著農會人員，往新中橫的方向，到了上安，開著車過了上安橋後左轉，一路以二檔往上爬升，空氣愈來愈好，快到山頂時，盧班長家的五隻狗狗們出來迎接了。盧太太笑著說養狗為了防猴子，猴子會來。在上安村擅長栽種梅子「梅林居」的盧振祥班長，他們會做超好吃的脆梅和南薑梅，他和太太滿臉笑容已在三合院門前和我們揮手。原本為桃園人，因政府鼓勵處理樟腦，栽種樟樹的土地最後卻變成了水庫。他接著說從父親去世後，在921 地震前回來接手梅園，先後遇到了 921 地震和桃芝颱風，當地損失慘重。父親愛梅子超乎一般的梅農，用心照顧無微不至。因氣候適合，在日本人推廣下，梅胚[2] 百分之九十九銷到日

---

2 梅胚即青梅加鹽再曬乾。

本，而只有百分之一留在台灣。日本人每年在元旦時到梅園看梅花，看花開的狀況；過完農曆年，再到梅園看結果率。或許是父親了解到日本人這麼喜歡梅子，深受影響，且梅子為健康的食物，對人的健康有幫助吧！盧班長深深感受到父親對梅子的用心，而立下心願讓梅子發揚光大。

梅子為杏的突變種，兩個「杏」字倒著看，就成了「㮈」（音同梅）字了。盧班長為了推廣梅子，教許多人醃製梅子，其梅子送毒物檢驗所檢驗，從開花到產出梅子只噴一次藥，屬於減農藥栽培、無農藥殘留，且為獨立園區。他說：「梅子是很好照顧的，不怕雨季，且在水果少的時候產出。位於海拔 400 到 800 百公尺，最適合栽種梅子，尤其在陡峭、石頭多的坡地上。」盧班長的梅林居位在海拔 739 公尺處。這 16 年來，目前盧班長栽種梅樹 2.1 公頃和租園 9 公頃栽種芭樂和絲瓜。盧班長表示很多梅樹超過 60 年了，如果梅園荒廢三年沒整理，梅樹就會死了。每到冬天梅子開花，就是賞梅的時候，大約在聖誕節到隔年元月底左右。採收梅子約在 3 月底到 5 月初。

青梅分批成熟，從高海拔的梅樹先開花後成熟，而低海拔的梅樹則是慢開花結果早。以前採收青梅用竿採，下方以帆布接著，青梅易破，做成脆梅品質差，市場收購價 1 公斤 20 元。後來政府推梅樹矮化，把往上幾層的梅樹砍掉，只留下最下方一層，改成手採，品質好，市場收購價 1 公斤約 35 元。再者補助梅農 1 公斤 2~3 元，工廠補助 3 元。剪枝則在秋末冬初，作為工藝品多方利用。梅子近年來為古老夕陽農業，而「㮈」為梅的古字，意為數量多。盧班長採用梅枝，做成超可愛的㮈筆。他拿出與鶯

歌陶博館合作版權的鶯歌陶罐，上頭的陶蓋上有很漂亮的梅枝把
手。我想的確需要很細巧的手，才能作出具有美感的陶罐和梅枝
把手。

直到民國 85 年後梅子不外銷日本，因中國大陸的梅子低價傾銷
日本。民國 85 年後，梅子價格一路走下坡，全台栽種梅子的面
積砍伐百分之六十，梅子的價格 1 公斤只剩下 5 塊錢，滿山滿谷
的黃梅掉滿地，無人採收。因青梅加工後才能食用，民國 90 年，
盧班長想辦法推出脆梅 DIY。只要有社區找他去教如何做脆梅，
他一定前往。正巧鶯歌陶博館館長到水里蛇窯來玩，盧班長因此
而認識他。幾人聊至深夜，有了契機，在鶯歌陶博館和縣府農業
單位協助下，從 92 年始，盧班長展開了鶯歌陶博館的脆梅 DIY
課程。他笑著回憶當時上課有趣的過程，第一年有一千兩百多人
報名參加，全部都是歐巴桑，他獨自要面對這麼多歐巴桑，的確
有些困難。館長說第一年這麼多人參加，那就繼續吧！第二年人
數變更多。第三年有夫妻帶著小孩來參加，至今第 16 年，期間
歷經 SARS，仍有三千多甕。還有父母帶著孩子說：「當年孩子

還在肚子裡，就來學做脆梅，如今孩子都十多歲了。」還有學員說：「因過敏，以前出門都要帶口罩，接觸梅子後，出門就不用戴口罩了。」我想這些都是良善的影響力。盧班長每年在梅子產出的 41 天內，每天開車從南投水里往返鶯歌陶博館，教導民眾如何自製醃梅子。這些年來，他已經累積約二十萬人的學員。

我問：「為何每天辛苦長途跋涉呢？」盧班長解釋著因為青梅的櫥窗壽命只有 3 天，得趁著最新鮮的時候給顧客，所以每天現採青梅，直接帶去鶯歌陶博館。我想那是一種堅持推廣梅子的使命感，才能持續十六年的熱情，從不間斷。羊深感佩服。當年被砍伐栽種梅子的地區，大部分轉作檳榔。他本著對父親和梅子之感情，想繼續栽種梅子不想轉作，許多人於民國 83 年後轉作為檳榔，他卻組成團隊推廣醃梅子傳統做法，到台北鶯歌教導民眾用容易做的方法來醃製梅子，當方法容易時，就會有產量銷售。在最艱難的時刻，盧振祥班長選擇帶著團隊自力救濟而不放棄，有時危機就是轉機。

我又問：「梅子分成青梅和黃梅嗎？」盧班長專業回答：「五、六分熟的梅子做成青梅濃縮精，六、七分熟的做成脆梅，八分熟做 Q 梅，九分熟做軟梅，完全熟做成酒或醋。」我記得羊媽回憶起自製醃梅子的時間，羊媽說：「清明前是做脆梅，清明後做 Q 梅，之後是鹹的軟梅，可入菜做成料理。」羊再細問，盧班長的眼睛瞬間都亮起來，他補充說明之：「青梅濃縮精是朋友從一本很舊的日本書《梅子大夫》[3] 裡發現的，其中有做法和功效。

---

[3] 《梅子大夫》日本松本紘齊原著／田敦禮編譯。

我們二、三人就土法煉鋼試做，將五、六分熟的青梅去核、取肉打成泥、將泥和汁分開，梅汁再以小火熬48小時，熬至像柏油一般，40公斤的青梅熬成1公斤，一小滴的青梅濃縮精相當於12顆梅子。第一年試做自己吃，第二年找朋友做多一點，第三年在農會辦發表會。」原來市面上後來出現這麼多梅精系列產品，始祖是盧班長和他的朋友們啊！他們無私的精神更讓人佩服！

他接著說：「脆梅除了南薑梅外，一半做成鳳梨脆梅，口感會特別好，還有也能加入咖啡。Q梅可加紫蘇、鳳梨或檸檬。軟梅入菜梅子，可醃成鹹的酸梅魚或滷牛肉。從五分熟到十分熟的青梅，顏色由綠色、淡綠到黃色。十分熟的梅子最適合熬成果醬。至於做成梅子酒或醋，將完全熟的梅子放入缸內，加上米酒頭或醋，梅子會先浮在上方，酒或醋被萃取出梅子養分，之後梅子再往下沉，重新再吸入酒或醋的養分。做成梅子酒或醋，因梅子甜度少，加糖會變質，直到醃製6個月或1~2年後，把酒或醋倒出來，再加糖在梅子上，兩邊再去調整。」羊聽了好饞，好想跟著去上課啊！盧班長笑著說：「除了鶯歌陶博館外，只要有社區找我去上課，我就會在那兒。」

我問是否曾遇到困難或挫折呢？他說：「農民知道如何栽種農產品，但不知如何賣東西。我曾為了準備教導民眾如何醃梅子和訓練站在講台上講做法，坐在馬桶上唸報紙，每天訓練口條。」聽到此，羊動容了。小農努力栽種農作物，不論是否有勇氣上台教導民眾醃梅子，為了推廣青梅，還是得硬著頭皮撐下去。

他提到食安問題，為了製作青梅濃縮精，特別留一塊栽種青梅的

地，完全不噴藥，五、六分熟的青梅幾乎沒甜度，沒噴藥不會有蟲害的問題，而青梅濃縮精將梅子的精華都濃縮了，更該留意梅子的源頭管理，否則濃縮了不好的東西，再加上有些農藥遇熱是不會分解的。自己嘗試過了，做過就會知道變成什麼樣子。羊想說的是還是找小農的農產品更讓人放心。採訪當天喝了他家的梅子酵素調成飲品，羊雖然開車連趕好幾場活動，但精神還是非常好，比起喝咖啡硬撐起來的狀態不太一樣。他說曾在鶯歌陶博館教學時，遇到一些人拿幾顆表面粗糙的青梅堅持要換成光滑飽滿狀，我還是會換給他們。因幾乎不用農藥栽種的梅子，難免會有粗糙的表面，但醃梅子經過用鹽殺菁，最後表面還是會變成粗糙。一般來說，梅農噴藥三次，盧班長的青梅堅持只噴一次，且在採收時送毒物檢驗所檢驗，確認後為無農藥殘留。據他觀察青梅五、六分熟時，甜度低，青梅表面無感染，但漸漸地有一點點甜度後，炭疽病、白粉病都來了。

最後羊問：「如何選青梅？」盧班長說市售青梅價格甚至可達 1公斤 100 元。我很驚訝為何這麼高？他表示有些會噴上勃激素等營養劑，讓青梅長得更肥大，看起來更漂亮。有噴營養劑的青梅，加鹽殺菁後去除水分，果肉會變爛。而沒噴營養劑的青梅，加鹽殺菁去水後，會變得結實。他建議不要選肥大漂亮的，要選表面粗糙、看起來很結實、且沒噴營養劑的青梅。盧班長本著對父親和梅子的愛，繼續堅持傳承且發揚光大。

荷花餅

材料：

未漂白中筋麵粉	150 克	蔥花餡：	
熱開水	50 克	蔥花	25 克
冷開水	40 克	橄欖油	1/2 小匙
鹽	1/4 小匙	黑胡椒粉	1/4 小匙
橄欖油	1 大匙	鹽	1/4 小匙

作法：

先將麵粉放在盆內，加入熱開水，快速用筷子攪拌，再加入冷開水，用手揉麵糰，小心麵糰燙手。靜置半小時。將麵糰分成兩個，桌上先撒上麵粉，用擀麵棍擀開麵糰，平均放上蔥花餡，小心捲起麵餅，成長條狀，再往內捲，收口收好，呈蝸牛狀。往下壓扁。平底鍋內加上橄欖油，將扁平狀的麵餅放入鍋內，以中小火，煎至兩面金黃。

大飯燒賣

材料：

未漂白中筋麵粉 .... 360 克
熱開水 .... 240 克
冷開水 .... 60 克
紅燒排骨肉 .... 100 克
（豬小排、有機醬油、陳年紹興酒和薑）
蝦米 .... 20 隻
乾香菇 .... 10 小朵
（先泡熱水，切碎）

香菇水 .... 4 大匙
糯米飯 .... 3 杯
（長糯米和水）
紅燒排骨肉滷汁 .... 4 大匙
有機頂級醬油 .... 1 大匙
黑胡椒粉 .... 少許

作法：

1. 糯米飯：
   先將兩杯長糯米洗淨泡水 5 小時，瀝乾，內鍋加入水 1 杯，放入電鍋，外鍋加水 2.5 杯，蒸約 40 分鐘，直到糯米飯熟透。

2. 紅燒排骨肉：
   將 1 斤豬小排洗淨，加上 1/2 杯有機醬油、3 到 4 杯的水、陳年紹興酒 1/2 杯和薑幾片，以鍋燉煮約 1 小時。待涼，取下 100 克去骨剁碎的紅燒肉。

3. 將中筋麵粉放入盆內，倒入熱開水，快速以筷子攪拌麵粉，再加入冷開水，用手揉麵糰，小心麵糰燙手。靜置半小時。

4. 餡料：
   糯米飯趁熱時，加入紅燒肉、蝦米、切碎的香菇、香菇水、滷汁、有機醬油和黑胡椒粉，混合均勻。

5. 將麵糰分成 30 個小麵糰，每個擀開成直徑約 5 公分的圓狀燒賣皮，放入約 1 湯匙的餡料，將餡料包緊，上方呈翻開花朵狀。上蒸籠，以大火蒸約 15 分鐘。

心得：

荷花餅就像當今的胡椒蔥餅，方法簡單易做好吃。不過四百年前《金瓶梅》裡的「荷花餅」，因西門慶答應潘金蓮要往廟裡替她買珠子，卻引來妾們和奴婢間的口水爭寵戰，最後最慘的還是掌廚的四房孫雪娥。

至於大飯燒賣就像當今的糯米燒賣，準備材料繁瑣複雜，但完成時超有成就感。羊一直以為想吃燒賣，只能去港式飲茶餐廳或是買冷凍微波加熱，如今好吃的燒賣也能自己做，同時羊和長圓糯米交手幾次後，神奇的是我居然學會如何做好吃的香菇油飯了。

彰化花壇慈愛中醫診所｜林桂郁中醫師

預防中暑茶飲

現代人工作壓力大，身心過度損耗，又常常熬夜，所以在門診很常見到這種氣陰兩虛體質的人中暑。

氣陰不足的人身體能量不足，散熱功能差，又加上體內可以滋潤降溫的陰液緩衝系統不足，無法抵擋熱邪、暑邪的入侵，所以很容易中暑，就好像一個水量不足的鍋子，只要稍微加熱，水分馬上消失，鍋子很快就燒個通紅一樣。

夏天對容易中暑又不容易散熱的氣陰兩虛體質患者是個大惡夢，一旦中暑若又錯誤對待身體，想解身體的熱，例如喝冰水、吃西瓜、喝椰子水、青草茶……往往只解得了一時的渴，除不了身體的悶熱，而且會加重體內的寒氣、濕氣，帶來更多的惡性循環。

喝對茶飲，吃對食物才能幫助身體降溫、預防中暑喔！

1. 洛神生脈飲
藥材：黨參 15g、麥門冬 15g、洛神花 3 朵、炙甘草 5g
方法：將黨參、麥門冬、炙甘草剪碎（讓藥效容易釋出），與洛神花
　　　放入保溫杯中，以 1000~1200 CC 熱開水悶泡 10~15 分

鐘，當成茶水飲用即可。可益氣養陰，預防中暑。怕酸的朋友可以加點蜂蜜或是甜菊。

2. 解暑茶
藥材：白茅根 18g、蘆根 18g、荷葉 6g、甘草 3g、青蒿 6g、陳皮 6g。

方法：將所有藥材放入1000~1500 CC 滾水中悶煮10~15 分鐘，放涼後當開水喝，對於已經中暑或預防中暑都有幫助。

3. 清心四神湯
藥材：綠豆、薏苡仁、芡實、蓮子等比例

方法：可將所有食材先清洗後浸泡1~2 小時，倒掉浸泡水，以電鍋悶煮（外鍋 2 杯水）；或是加入適量的水在瓦斯爐上悶煮，直到食材軟化後加入少量冰糖即可。

更建議將食材煮成像飯一樣，每天一餐加入白飯中一起食用，清熱又除濕。

另外烏梅汁、麥茶、蓮藕茶也都是解暑的好選擇。但記得不要喝冰的喔！也建議盡量不要加糖飲用！

第十一章

討價換滅口，武郎殺金蓮。

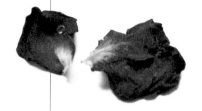

阿桐師燒臘 / 南投埔里

燒鴨 / 叉燒 / 油雞

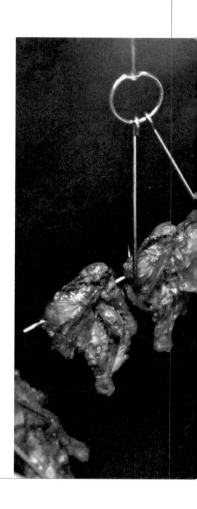

暇＿滿

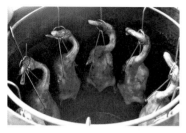

除了燒鴨、油雞、叉燒、蜜腿等超級
無敵好吃外,便當的配菜也炒得很好。
羊回想起曾在全台各地吃過的所有高
級燒鴨們,阿桐師的燒鴨真的無人能
出其右!這麼好吃的燒鴨,為何出現
在埔里呢?

阿桐師港式燒臘快餐

李岳桐、陳宥妘
地址：南投縣埔里鎮忠孝路 21 號
電話：049-2985388，0911-938-000
fb: 阿桐師港式燒臘店
公休日：不定休（請先電洽預約想買的品項）

「不說當日眾官飲酒至晚方散，且說李桂姐到家，見西門慶做了提刑官，與虎婆鋪謀定計。次日，買了盒菓餡餅兒、一副豚蹄、兩隻燒鴨、兩瓶酒、一雙女鞋，教保兒挑著盒擔，絕早坐轎子先來，要拜月娘做乾娘，他做乾女兒。」（第三十二回）

「這書僮把銀子拿到鋪子，鑥下一兩五錢來，教買了一罈金華酒，兩隻燒鴨，兩隻鷄，一錢銀子鮮魚，一肘蹄子，二錢頂皮酥菓餡餅兒，一錢銀子的搭穰捲兒。」（第三十四回）

「上了湯飯，厨役上來獻了頭一道水晶鵝，月娘賞了二錢銀子。第二道是炖爛烤蹄兒，月娘又賞了一錢銀子。第三道獻燒鴨，月娘又賞了一錢銀子。」（第四十一回）

「且說那日，院中吳銀兒先送了禮來，買了一盤壽桃，一盤壽麵，兩隻燒鴨，一副豕蹄，兩方銷金汗巾，一雙女鞋，來與李瓶兒上壽，就拜乾女兒相交。」（第四十二回）

「你六娘替大姐買了汗巾兒，把那三錢銀子拿出來，你兩口兒鬪葉兒，賭個東道兒罷。少，便叫你六娘貼些兒出來，明日等你爹不在了，買燒鴨子白酒咱們吃。」（第五十一回）

「桌上擺設許多肴饌：兩大盤燒猪肉，兩盤燒鴨子，兩盤新蒸鮮鰣魚，四碟玫瑰點心，兩碟白燒笋鷄，兩碟炖爛鴿子雛兒。然後又是四碟臟子：血皮、猪肚、釀腸之類。」（第五十二回）

「那兩個小廝擺完小菜，就拿上大壺酒來，不住的拿上廿碗下飯

菜兒：蒜燒荔枝肉，蔥白椒料桂皮煮的爛羊肉，燒魚、燒雞、酥鴨、熟肚之類，說不得許多色樣。」（第五十四回）

「那些醃臘煎熬、大魚大肉、燒雞燒鴨、時鮮菓品，一齊兒都捧將出來。」（第五十七回）

「先拿了兩大盤玫瑰菓餡蒸糕，蘸著白砂糖，眾人趁熱搶著吃了一頓。然後纔拿上釀螃蟹，幷兩盤燒鴨子來。」（第六十一回）

「文嫂又早打聽得西門慶來家，對王三官說了，具個束帖兒來看請。西門慶這裡買了二付豕蹄，兩尾鮮魚，兩隻燒鴨，一罈南酒，差玳安送去，與太太補生日之禮。」（第七十二回）

「月娘令小玉揭開盒兒，見一盒菓餡壽糕，一盒玫瑰八仙糕，兩隻燒鴨，一副豕蹄。」（第七十四回）

「一面擺酒在炕桌上，都是燒鴨、火腿、熏臘鵝、細鮓、糟魚、菓仁、鹹酸、蜜食、海味之類，堆滿春臺。」（第七十八回）

「到後晌時分，李桂姐、吳銀兒坐轎子來看。每人兩個盒子，一盒菓餡餅兒，一盒玫瑰金餅，一副蹄，兩隻燒鴨，進房與西門慶磕頭，……」（第七十九回）

「任道士見帖兒上寫著：『謹具粗緞一端，魯酒一樽，豚蹄一副，燒鴨二隻，樹菓二盒，白金五兩。知生王宣頓首拜。』」（第九十三回）

暇＿＿滿

「愛姐與王六兒商議，買了一副猪蹄，兩隻燒鴨，兩尾鮮魚，一盒酥餅，在樓上磨墨揮筆，拂開花箋，寫封束帖，使八老送到城中與經濟去。」（第九十八回）

羊咩咩說書時間：

潘金蓮和西門慶女婿陳經濟的不倫之戀，在西門慶死後變本加厲繼續上演著。某次潘金蓮的奴婢龐春梅不小心撞見其兩人偷情，為了避免洩密，潘金蓮要龐春梅一起加入戰局。但潘金蓮還有另一名奴婢秋菊，她總是被潘金蓮出氣毆打著，當她發現潘金蓮和陳經濟的姦情時，數次向大房吳月娘告發，直到第五次才成功。家裡發生這麼大的事情，吳月娘思索著該如何處理才是最恰當的，她先將龐春梅以十六兩賣給了薛嫂。過沒幾日，龐春梅被周守備買回當小妾，龐春梅的命運徹底地改變了。陳經濟被吳月娘趕出家門後，潘金蓮也被吳月娘賣給了王婆。

貪心的王婆得到大好機會，王婆出價一百兩銀子，陳經濟急著想買回潘金蓮，馬上啟程往東京向父親要錢。期間龐春梅慫恿著周守備買下潘金蓮，周守備的左右手李安和張勝找王婆談價錢，就在快成交之前，出現了第三個買家武大郎的哥哥武松。武松自從誤殺了李外傳後，流放到孟州充軍後，歷經貴人和太子登基大赦，又回到清河縣擔任都頭。武松得知潘金蓮等著被賣，願意以

一百零五兩銀子買下潘金蓮，順便照顧武大郎的女兒迎兒。作者提醒：「人生雖未有前知，禍福因由更問誰？善惡到頭終有報，只爭來早與來遲。」

潘金蓮懷念起當初勾引武松的情節，心中暗道：「這段姻緣，還落在他手裡！」王婆對吳月娘謊稱只賣二十兩銀子。吳月娘問誰買走？得知為武松時，暗自跌腳。當晚武松安排酒菜，請迎兒將前後門都栓了，王婆見狀急著走說家裡沒人，武松喝酒後，拿出刀子質問兩人，當初武大郎怎麼死的？武松當場殺了潘金蓮，死狀甚慘，亡年三十二歲。每當潘金蓮使盡各種計謀為了留在西門慶身邊，不惜做盡一切壞事。羊想起了潘金蓮的媽媽潘姥姥說過的一段話：「想着你七歲沒了老子，我怎的守你到如今？從小兒教你做針指，往余秀才家上女學去，替你怎麼纏手縛腳兒的。你天生就是這等聰明伶俐？到得這步田地，他把娘喝過來斷過去，不看一眼兒！」潘姥姥又說：「他七歲兒上女學，上了三年，字倣也曾寫過；甚麼詩詞歌賦唱本上字不認的！」潘姥姥乘轎子參加潘金蓮的生日宴，跟潘金蓮要搭轎子費用她不給，潘姥姥氣得直掉淚。在西門大府裡，潘金蓮是極少數識字的，連大房吳月娘看日子服用能懷上西門慶孩子的衣胞符藥都得問潘金蓮是哪天。潘金蓮再怎麼壞，隨著一切「貪、嗔、我慢、愛我執的麻煩」[1]，當下都隨之灰飛煙滅了。

王婆嚇得想逃也無處逃，最後也一併被殺。武松打開王婆的箱子，包裹著剩下的八十五兩和首飾，逃至梁山為盜。坦白說，武

---

[1] 摘自達賴喇嘛語錄。

松也不是什麼正人君子，最後還是搜刮了銀子首飾逃走了。或許武松殺了潘金蓮，也是為了砍掉他內心的恐懼，潘金蓮誘惑他不能成為英雄的恐懼吧！

羊讀完《金瓶梅詞話》，最想吃的當屬燒鴨！全書曾出現六百多次食物名，「燒鴨」次數最多，大約15次。每當書中重大劇情發展，「燒鴨」二字一直出現，饞羊一定要吃到燒鴨！還記得25年前羊在非洲的模里西斯國工作，辛苦工作後，每週末最大的犒賞則是到位在首都路易港南邊香港人開設的港式飲茶餐廳Happy Vally 吃港式飲茶，唯獨朋友來時，我們最期待加菜吃燒鴨。餐廳主管香港人總是跟我們討論著鴨子怎麼從香港空運來此，廚師來自香港，燒鴨要肥酥香，才會好吃，他邊溜著粵語的各式菜名，邊說著今晚吃什麼？Happy Vally 餐廳應該算是羊對燒鴨的啟蒙地吧！羊總是眼巴巴的想偷看後頭廚房燒鴨怎麼做出來的，但從沒見過。

某日經過埔里，還是想吃燒鴨，搜尋當地美食，螢幕上出現「阿桐師燒臘店」評價五顆星，顧客留言：「其燒鴨無人能出其右！」羊想嘗嘗。沒想到一試成癮，吃完嘴裡亦不會留下奇怪刺鼻的味道，除了燒鴨、油雞、叉燒、蜜腿等超級無敵好吃外，便當的配菜也炒得很好。羊回想起曾在全台各地吃過的所有高級燒鴨們，阿桐師的燒鴨真的無人能出其右！這麼好吃的燒鴨，為何出現在埔里呢？羊更好奇了。羊繼續光顧了半年左右，遲遲不敢提出採訪一事。羊每次吃燒鴨時，總是陷入天羊交戰，這麼好吃

的燒鴨到底要不要採訪呢？最後貪吃羊的那一方戰勝了，直到某日，羊決定鼓起勇氣，店內顧客還不是太多的時候，羊決定跟老闆娘遞上名片，說明原委自我介紹一番，老闆娘笑著說要問老闆，羊又重新說明，老闆很爽快地當場答應了。我們約好了日期，上午 8 點報到，羊展開了一日燒臘店實習生的日子。

我先跟老闆李岳桐提，如果有不想揭露的秘方，只需要跟我說一聲就好。沒想到阿桐師大方地說：「沒關係。有錢大家一起賺，有什麼不好呢？」接下來的故事，催人熱淚更是我想像不到的艱辛和勵志。阿桐師，埔里人，第一份工作是在小學時期，清晨幫忙掃街掃夜市。他看著遠方回想著，父親做外銷生意失敗，家裡經濟不好，很小的時候就很想賺錢。曾做過溫室種植、板模、水電和水泥車壓送發電機等，從事很多行業，知道在建築業打工很辛苦，想找一個不用曬太陽的工作，因為他曬太陽會頭暈。他畢業於南投仁愛鄉的仁愛高農，他接著說：「當時因賭博被記了四支大過，老師睜隻眼閉隻眼，差點畢不了業。我媽堅持要我唸完高農，學歷還是很重要。以前曾兼三份工作顧檯子、海鮮餐廳和 KTV，曾在朋友鄰居的燒臘店工作一兩年後去當兵。後來在朋友舅舅的燒臘店工作七、八年，期間曾離開到冬池便當店學炒菜，冬池的主廚曾是總舖師。」他緩緩地說，會做燒臘，也會炒菜，就不用擔心燒臘或炒菜的廚師不在。

他回想著在燒臘店當學徒的日子。燒臘店的師公是香港人，曾在大飯店的港式飲茶餐廳工作。一般上班時間為上午 8 點，他 6 點多就上班，先把自己份內的工作做完，其他時間則在燒臘師傅旁邊看邊學習。每次燒臘師傅要做重要關鍵時，總是引開他，讓

他去拿東西，其實是不想讓他看見製程。事後他只好去翻垃圾桶內有哪些材料或包裝袋。羊想起了之前某麵包師傅曾說過類似的話，當學徒做麵包時師傅不教，只好偷學翻垃圾桶找包裝袋。羊當燒臘店一日實習生，上午8點開始。他們7點多就開始工作了，阿桐師忙進忙出，還要邊跟我解釋燒鴨製程。他說好的燒鴨，要選品質好來自花蓮的櫻桃鴨，雖然成本貴，但很值得。一般鴨子（譬如蕃鴨）太瘦，油脂不夠比較柴。一進廚房，阿桐師的助手們，忙著切菜炒菜，準備中午的配菜。另一位助手，忙著將鴨子掛在風扇前吹風。

先將櫻桃鴨洗淨，在鴨子的肚子內抹上五香粉、鹽、糖、花椒、八角和油蔥酥，再灌入米酒後以粗針縫合，不能縫錯邊，將鴨子放入冷藏醃一個晚上。隔日用打氣機從鴨子的喉嚨處皮和肉之間灌入空氣，表面有多餘的毛，則以噴槍火烤處理，再以滾水汆燙、過冷水，目的為了殺菌怕臭，易長菌，且毛細孔緊實烤完光亮。阿桐師特別提醒鴨子喉嚨處開口易發臭，得特別留意。接著淋上上色的麥芽和醋，阿桐師提醒，淋得恰到好處，不能淋太多或太少，多則烤完太黑，少則上不了色。冷藏一晚變乾，隔日取出吹電扇，再入掛爐烘烤。烤約1小時，每15分鐘看一次，烤

好後先拿針刺開，確定是否熟透。他再拿起熱騰騰的燒鴨，倒立燒鴨讓內部汁液回流。安靜的廚房裡窗戶邊透進了一束陽光，當阿桐師舉起燒鴨，專注的神情，就像個藝術品鑑賞家，仔細端詳著每一隻燒鴨的樣貌。

他趁著工作的空檔繼續說，曾經交了壞朋友，賭職棒輸了一百多萬。當時還沒創業，太太陳宥妘和他各自上班賺錢還賭債，他眼裡帶著歉意地低著頭說：「幸好太太還願意跟著我。想到家庭太太和女兒的支持，現在不賭了。」今年 40 歲的阿桐師，前年剛得女兒，女兒一歲七個月了。他直說老天爺很照顧他，自己很好運，之前還賭債的時候，小孩沒來報到，反而現在還完賭債了，有一點點積蓄時，女兒才來報到。採訪空檔，太太和女兒來店內，看著女兒和阿桐師的互動，阿桐師笑著跟女兒說「眨眼睛」，兩人超有默契地一起眨眼睛。

我問何時開始創業？他表示剛開始房東出房子，朋友出資金和自己的技術。做了幾年後，房東將房子賣了，才搬到現在的地址。從招牌飯特價 50 元促銷一週，埔里人吃過，恢復原價喜歡就會回來了。對於剛創業、資金拮据的他來說，幸好有跟會，搬到

暇＿滿

現址花了30幾萬。他又說剛創業時，之前工作的燒鴨店師傅警告供應商不要供應鴨子給阿桐師，否則就不跟供應商訂貨。羊急著問後來呢？阿桐師笑著說：「誰理他啊！供應商有訂單就會交貨。」

他邊幫叉燒塗上醬料，邊提醒著我，何時掛爐裡的叉燒和蜜腿要開始烤了。蜜腿和叉燒得塗上米酒、香油、橘皮、大蒜、甜麵醬、鹽、糖和五香粉。叉燒和蜜腿在掛爐內，得上下翻面換位置，叉燒半小時後得塗上蜜汁。至於廚房角落裡深咖啡色一大鍋熱騰騰的液體是啥？原來是油雞專用滷鍋。阿桐師解說著油雞中藥包內容為胡椒、草果、橘皮、花椒、月桂葉、八角和丁香。每週換中藥包，除此之外鍋內只有水、鹽和糖。他接著說這鍋是從開業至今十一年的老滷汁了，裡面都是雞精。撈掉表面的浮油，水分不足時會再加水。油雞滷好後，亦是以針刺開試熟度。取出油雞，放在桌上，再抹上麥芽。

上午10點，廚房裡各式燒臘準備就緒，一隻隻光亮亮燒鴨掛在玻璃櫥窗上，下頭右方擺著叉燒，左邊擺上油雞腿和雞翅，看得饞羊口水直流，好餓啊。有對老夫婦開著小貨車來買一隻燒鴨，還有人開始排隊買燒臘便當。驚恐羊深怕搶不過別人，趕緊下訂。這不會太誇張了嗎？10點買午餐啊！羊觀察中午12點前幾乎都會銷售一空。我問為何不多做些呢？阿桐師說一定要早上做燒鴨，中午賣完。下午再做一批，晚上賣完。因為新鮮最好吃。燒臘店準備工作很多，最重要的是清洗、烘烤和切。阿桐師快速精準地剁著每一塊燒鴨油雞和叉燒，從切到擺盤，燒鴨淋上冰梅醬，油雞放上蔥花、淋上醬汁，讓每一盤燒臘完美無瑕。阿桐師

表示好吃燒鴨的關鍵：鴨子夠肥皮好吃、火候夠和醃料好。燒鴨的火候不夠就不香，叉燒要大火烤才香。有些燒鴨店為了賣相好，烤出來顏色不夠，味道就不夠好。我想這些都是阿桐師多年認真的學習經驗，用自己獨特的方法製作最好的燒鴨。他說：「自己敢吃的東西才可以拿出來賣，我很龜毛要做到最好才能用，雖然辛苦，生意好回流客多，也很快樂。」

下午空檔時，親和力十足、體貼的李太太宥妘帶著女兒來店裡。她笑著說採訪完了嗎？我說換採訪妳了。宥妘堅定地說：「他是個很負責任的人，一定會全力以赴。」阿桐師表示以前在燒臘店工作十幾個小時都無法休息，現在想到當初的辛苦，體諒員工，讓員工在下午2點到4點休息。至於公休日，全體員工提早一起討論決定日期。阿桐師緩緩地說：「以前看到阿公的家族大合照，裡面沒有我，覺得很遺憾，所以希望員工也不要有遺憾。」他理個小平頭、圓圓的臉靦腆地笑著說創業沒跟家裡拿錢，白手起家。他直說自己很幸運，老天爺很照顧他，當初創業時問過神明，本來有點擔心，但神明說就去做吧！如果早一點賣完，他則請員工去吃牛排或火鍋。店內電視新聞的跑馬燈出現新聞名人誰和誰又復合了，我想比起這些，小人物的故事更讓人動容啊！

དགའ་འབྱུང་: Varieties of Life in *Chin P'ing Mei*

炖蹄膀

材料：

豬前蹄剁塊 .... 半個

（只有豬蹄，不包括腳庫肉）

埔里陳年紹興酒 .... 100 毫升

薑拍鬆 .... 一小塊

蔥打成蔥結 .... 3 支

鹽 .... 1 又 2/3 小匙

水 .... 適量

作法：

1. 將豬前蹄、蔥薑洗淨，煮大鍋熱水，放入豬前蹄，直到滾，去除血水，撈起豬前蹄。

2. 放入另一鍋（鑄鐵鍋效果更好），加入陳年紹興酒、蔥結、薑和約 8 分滿的水，開中火，煮滾，若有浮沫撈起，蓋鍋以中火續煮，留意鍋內的水勿燒乾，若水不夠再加水，煮約 1 小時，最後加鹽調味，即可食用。

心得：

埔里酒廠陳年紹興酒真是超級好物，簡單的食材，加上蔥薑鹽和紹興酒，即可完成美味的炖蹄膀。《金瓶梅》裡眾人聚會或是餽贈時，總是端上炖蹄子。或許是豬蹄的美味，無人能敵吧！再加上宋惠蓮製作「一根柴禾燒豬頭」採用錫古子蓋嚴扣定的功夫，類似高壓鍋原理，想必炖蹄膀也是。好的鍋子能將蹄膀炖至骨肉分離，非常美味。

དལ་འབྱོར་: Varieties of Life in *Chin P'ing Mei*

第十二章

藥丸且用盡，孝哥終剃度。

紅豆芬 / 屏東萬丹

不毒鳥、無落葉劑高雄十號紅豆

238

239

暇＿滿

萬丹紅豆芬

陳月娥、黃靜芬
地址：屏東縣萬丹鄉後村村後庄路 190 號
手機：0929012842
Line ID: shiny1204
如何購買：手機或 Line

紅豆芬家栽種的紅豆為新品種高雄十號，又稱紅玉，
比一般的八號或九號的紅豆大顆、皮薄、色澤鮮紅。

暇＿滿

「西門慶只吃了一個包兒，呷了一口湯，因見李銘在旁，都遞與李銘，遞下去吃了。那應伯爵、謝希大、祝日念、韓道國每人青花白地吃一大深碗八寶攢湯，三個大包子，還零四個挑花燒賣，只留了一個包兒壓碟兒。左右收下湯碗去，斟上酒來飲酒。」

（第四十二回）

羊咩咩說書時間：

過了一年，吳月娘帶著家人前往城外幫西門慶掃墓，巧遇嫁給周守備的龐春梅，她剛祭祀完潘金蓮。而李知縣的兒子李拱璧看上了三房孟玉樓，過沒多久，兩人完婚。至於四房廚房掌廚的孫雪娥在門口遇見賣首飾花翠的男人，那人正是宋惠蓮事件而被放逐在外的來旺兒。孫雪娥私奔來旺兒，他們偷來的金銀財寶被寄住屈姥姥家兒子屈鐺偷了準備變賣，不料被官府抓了，一併扯出兩人。來旺和屈鐺被判了五年，雪娥發回吳月娘領回，月娘不想領回，直接由縣府公開拍賣，最後被龐春梅買走。陳經濟為了新歡馮金寶，打了西門大姐，西門大姐上吊自殺，吳月娘一狀告到官府，陳經濟淪為乞丐。數次人生糾葛下，孫雪娥被龐春梅賣至酒家後上吊自殺，而陳經濟想學西門慶又學不成，最後也被殺了。龐春梅跟著家僕的次子周義偷情，和西門慶結局一樣，最後病死床上，亡年二十九歲。

過了十五年後，吳月娘帶著吳二舅、玳安、小玉和十五歲的孝哥兒，把家裡前後都鎖了，往濟南府投奔雲離守，一來避難，二來與孝哥兒完成親事。到路口，有一和尚大喊要吳月娘還他徒弟！原來是十年前，吳月娘在岱岳東峰，被殷天錫趕到雪洞投宿，雪洞老和尚法名普靜。吳二舅勸和尚適逢慌亂年程，讓其孝哥兒延續香火，普靜說既然不給徒弟，天色已晚，那就在永福寺歇一夜吧！所有人都睡下，除了小玉沒睡，在方丈內打門縫內看普靜老和尚念經。念至三更時，只見金風淒淒，斜月朦朦，人烟寂靜，萬籟無聲。普靜老師見天下慌亂，發慈悲心，施廣惠力，念解冤經咒，薦拔幽魂，絕去挂礙，各去超生，再無留滯。當下眾人都掰謝而去。小玉竊看，都不認得。接著出現周守備、西門慶、陳經濟、潘金蓮、武大郎、李瓶兒、花子虛、宋惠蓮、龐春梅、張勝、孫雪娥、西門大姐和周義。把小玉唬得戰慄不已，正想告訴吳月娘，不料她睡得正熟，夢見即將投奔的雲離守對他們不利……月娘嚇得驚醒。小玉跟月娘說了普靜老和尚一事，再也睡不著。

普靜老師問月娘是否省悟？月娘跪下參拜。普靜道：「合你這兒子有分有緣，遇着我，都是你平日一點善根所種，不然定然難免骨肉分離。當初你去世夫主西門慶，造惡非善，此子轉身托化你家，本要蕩散其財本，傾覆其產業，臨死還當身首異處。今我度脫了他去，做了徒弟。常言一子出家，九祖升天。你那夫主冤愆解釋，亦得超生去了。你不信，跟我來看一看。」只見孝哥兒還睡在床上，老師將手中禪杖向他頭上一點，教眾人看，翻過身來是西門慶，項帶沉枷，腰繫鐵索。復用禪杖再點，還是孝哥兒。月娘見了放聲大哭，原來孝哥兒是西門慶托生！良久，孝哥兒醒

了，月娘要孝哥兒剃度出家，法名喚為明悟。臨去前吩咐，普靜吩咐不用再往前，可以回程了。原來月娘眾人待在永福寺的十日時光，大金國立了張邦昌，在東京稱帝，置文武百官等等，天下太平。後月娘歸家，開門家產器物都在。後來玳安改名為西門安，承受家業，人稱西門小員外。養活月娘到老，壽年七十，善終而亡。此皆平日好善看經之報也！

作者提醒：
「閑閱遺書思惘然，誰知天道有循環。西門豪橫難存嗣，經濟顛狂定被殲。

樓月善良終有壽，瓶梅淫佚早歸泉。可怪金蓮遭惡報，遺臭千年作話傳。」

羊曰：「當時胡僧給西門慶的百十顆藥丸，和最後收尾的普靜老師，何嘗不是同一人呢？」吳月娘的角色非書中每個女人的樣子，而最終回，作者蘭陵笑笑生讓孝哥兒出家，了結了西門慶造的一切孽緣。誠如原著序所言：「讀金瓶梅而生憐憫之心者，菩薩也；生畏懼心者，君子也；生歡喜心者，唯小人也；生效法心者，乃禽獸耳。且奉勸世人，勿為西門之後車可也。」

還記得 30 年前的羊，大學聯考考得很差，最後上了屏東農專三專食品加工科。當年學校通知報到單內附有直屬學姊的聯絡電話，羊不知食品加工科的未來出路，問了學姊，她說：「到工廠

做醬油、月餅等。」當時五穀不分、啥事都不會的羊頓時涼了半截，就堅定地跟羊爸表示不想做醬油、月餅，最後決定放棄屏東農專，就這麼與屏東擦身而過了。世事難料，哪知老天爺的安排，30 年後的我超想知道醬油、月餅的流程，最好給我一大甕陶甕，裡頭裝了有機黑豆和麴菌，覆蓋上厚厚的鹽巴，每天抱著陶甕，期待日曬半年後，就有美好的回甘有機醬油。30 年前的決定，讓羊走向另一條路。羊開著車邊往南，邊回想著過去的這一段記憶。當年的羊連到屏東農專報到都放棄了，今日望著沿途生疏的地名，卻因為五年前買的無落葉劑紅豆而再次串起了我與屏東的緣分。

5 年前，羊經溪頭山友介紹，買了他台大梅峰農場同事家紅豆芬種的無落葉劑紅豆，這品質非常好，熬成紅豆餡更好。羊從日本東京觀察各家紅豆餡的熬法再做調整，不加防腐劑、香精、色素、糖精等人工化學添加劑，只用紅豆芬家栽種在屏東萬丹的高雄十號別稱紅玉，泡水、瀝乾、加水，以法國 LC 鑄鐵鍋熬製紅豆，熟透時加入法國伊思尼無鹽奶油、巴西有機砂糖和紐西蘭有機海鹽。抓出糖和鹽的平衡，紅豆芬家的紅豆熬煮出的紅豆餡足以媲美日本頂級的紅豆餡。羊將紅豆餡做成紅豆麵包，大受好評。從此羊每年都買，直到今年，羊更好奇紅豆的一生。

出發的前一天，紅豆芬傳來媽媽準備了紅豆鹹粥和紅豆湯。羊開車近 3 小時，中午抵達炎熱的屏東萬丹，一進門，超熱情的紅豆芬媽媽陳月娥已經準備了整桌的菜餚，除了我從沒見過的紅豆鹹粥外，還有紅豆湯、紅豆水、萬巒豬腳、芒果和牛奶鳳梨。羊購買紅豆這些年來，第一次見到自稱「紅豆芬」的黃靜芬，她畢

業於屏東科技大學，在台大梅峰農場 12 年做導覽及研究相關工作，在紅豆和稻米農暇時與朋友在水里栽種無毒蔬果。食物是最好拉近距離的方式，羊很好奇從沒見過的紅豆鹹粥該怎麼做？熱情的陳月娥以超流利的台語說著，先將自己種的日曬糙米和水以1：0.8 煮成糙米飯。再將東港鮪魚、大隻的蝦猴和豬肉的三層肉稍微煎過，加入紅蔥頭，加滾水煮，續加煮熟的糙米飯和紅豆均勻攪拌，接著加入切碎的芹菜和韭菜拌在一起，起鍋前加鹽調味。紅豆鹹粥之美味，羊連吃好幾碗。至於紅豆湯的煮法更是一絕，先將紅豆洗淨，水滾時放入紅豆，如不夠爛，再加一碗滾水。待紅豆熟透，加上一些些冬瓜糖磚和黑糖。而紅豆水，在熬煮紅豆時，熟透未加糖前取出來，比市售紅豆水更夠味，且自家熬煮更讓人安心。讓羊覺得很不好意思的是紅豆媽媽在清晨 5 點就開始張羅這些午餐了，南部人超熱情，讓羊好感動啊！

陳月娥今年 68 歲，從 12 歲栽種紅豆至今。紅豆一年一種。作物順應節氣的關係，紅豆要在雙十節前栽種，此期間最怕碰到接

二連三的大雨，種苗容易腐爛又需重新補種，若栽種日期超過雙十節，則植株長得雖漂亮但開花後結果率不佳，所以也就沒有很多的收成。陳月娥回憶起父親陳新寬受日本教育國中畢業，爺爺在萬丹開設唯一的米粉工廠，因生病而關了。她還拿出父親當廟宇醮主披彩帶在身上的放大照片，陳月娥笑著說因為從小沒受教育跟著父親一起工作，父親特別分給她地耕種。她在 22 歲時結婚。早期人工栽種紅豆在稻子收割後的每一稻頭旁，用小鑽子將土挖約 2~3 公分深，種下約 3~4 粒的紅豆，再將土蓋緊，每每種完紅豆後，手都起水泡只有忍著也不敢喊痛。如今她說明如何撒紅豆，首先把紅豆倒進到她身上掛的一個紅色大塑膠桶內，直接取出紅豆撒在土裡，再借用小型鐵牛開溝時，噴出的土覆蓋豆子，若沒蓋到的則需再補土以利發芽。

「紅豆發芽期間會有鳥、鼠來吃，只能白天到現場驅趕，晚上回家就送牠們吃了。」陳月娥一派輕鬆地說。紅豆芬接著說：「花開時薊馬會來，豆螟則在結豆莢時出現，多少都會影響產量。」補籽得留意不能落差太多天，否則易有未熟豆。所謂「補籽」就是被鳥、鼠吃掉的或缺株的紅豆，得再補上紅豆種子，但經過三個月後採收時就會有熟豆和未熟豆的差別，需要先以人工採收未熟豆莢。我問未熟豆怎麼辦？紅豆芬笑著說：「那就自己吃了。」她們細心照顧著每一顆紅豆。她們說每年 10 月栽種紅豆，一般來說 12 月底採收，但他們因不噴灑落葉劑，所以得再等上 3 週到 1 個月後才採收，大約在 2 月採收。除此之外，旱作與水田輪作病蟲害少。接著 2 月到 6 月則栽種一期水稻，其餘時間休耕種植綠肥田菁，如此一來，地力不會消耗太快。因其不噴除草劑，栽種期間還是會長雜草，得找人幫忙拔草，紅豆芬補充說

明，請人幫忙除雜草，要找有技術快又準的人才能拔除，因紅豆苗和雜草一樣高，萬一拔錯就沒了。雜草長得很快，對於不噴除草劑的農友來說是很大的負擔。陳月娥邊說：請拔草工每日工資一千三，再附點心，且自己因今年得到退化性關節炎，得去打針很貴的，所以請人一起幫忙除草。除草劑是種荷爾蒙，提早讓草走完它的一生。羊曾聽別的農友說過，27 年前曾噴過除草劑，27 年後檢驗土壤還殘留著除草劑。

有些農友將穀物拌入農藥放在田的四周毒鳥。陳月娥接著說：「我女兒很好心，要我每次多撒紅豆在田裡給鳥吃。」紅豆芬擔心地說：「以前天空裡有好多老鷹，現在都沒了。電影生態紀錄片《老鷹想飛》中的老鷹是我學妹研究的範圍，鳥吃了毒穀物死了，老鷹再吃被毒死的鳥也死了。」紅豆芬家栽種的紅豆為新品種高雄十號，又稱紅玉，比一般的八號或九號的紅豆大顆、皮薄、色澤鮮紅。市售紅豆採收前噴落葉劑，已是公開的秘密。羊很好奇問紅豆芬：「當初為何有勇氣決定不噴落葉劑？」紅豆芬有感而發地說：「小時候媽媽就一直堅持說這是人吃的，自己不敢吃，就不要賣給別人。」陳月娥表示絕對不要讓人吃到毒。採收時還有哪些注意事項呢？得先挑選田裡未熟豆，因其含水量不一樣，不能混在一起，否則會發霉。因此需用較多人工將未熟豆一莢一莢拔起、曬乾留著自己吃。機器採收的優點快速、省時、省工，但也有其缺點 —— 豆子掉滿地、也是一部份損失（故在機器採收之時鄰近的人便會聞風前來撿拾掉落田裡的紅豆），若隨置不理發芽後長出來的紅豆株往往比人工撒播還漂亮，緊接著載回稻埕曝曬乾一點以利於保存，再送農會電腦選一兩次後去土粒、瑕疵豆、殼和殘枝落葉，最後還要全家總動員以人工將殘留的瑕疵豆如未熟

豆、黑粒豆、半碎豆、蟲咬豆等再一一挑除乾淨。至於田裡的其餘豆枝打入土裡回歸田地，趕續種第一期稻作。紅豆芬之前回家幫忙挑紅豆，從上午6點挑到凌晨2點，再趕回梅峰農場上班。她說只靠著機器挑選不夠，還需人工挑豆過，希望顧客收到時不用再挑除即可直接洗淨烹煮，堅持品質好就要挑到最好才能交給顧客。她笑著回憶起小時候民國六十幾年時，去阿嬤家拔豆，還會得到電子錶。當年戴電子錶很風光啊！羊年紀更長，點頭表示贊同。

紅豆芬說今年紅豆歉收，豆子發芽期雨水太多導致種子很快爛掉就沒有好收成，甚至也有一分地的收成只剩20公斤。國內引進巴西、澳洲的紅豆遠大於屏東縣的產量，壓低市場價格，但國內栽種成本愈來愈高，因為人工高和量少。天候不好時，植株縱使長得好但沒豆莢，還是沒轍啊。我接著問：「紅豆的銷售賣給誰呢？」紅豆芬說：「原本全數都交給大盤收走，初到梅峰，我帶紅豆請大家吃，吃後志工和同事覺得好吃都想買，慢慢地累積口碑，才改成自家銷售。」她回想起唸屏東科技大學大一時，全班50個同學一起來幫忙採收紅豆，同學們騎著機車，一部部沿著

農田呼嘯而過，其他家農友都很羨慕我們家有這麼多人來幫忙，當天父親買了 50 個便當。隔年同學們也來幫忙，這一次改成吃自家煮的飯湯，每人帶紅豆回家過年，至今同學們還很懷念飯湯的美好滋味。羊問：「曾遇到困難或挫折而不想做嗎？」陳月娥說：「有。大水來時淹水或挑豆到凌晨很累而曾經不想做。」她邊指著牆邊八八水災淹水及胸的位置。紅豆芬笑著提醒媽媽之前說過的：「紅豆過一條溪，到大寮就不一樣。」陳月娥解釋著為何萬丹紅豆和其他地區的紅豆不一樣，萬丹紅豆煮了會卡鬆，因氣候不同、土質砂質壤土和皮薄純正高雄十號紅玉。

陳月娥感嘆著栽種紅豆要有成本和人力才能種啊！請機器、買資材、請工人什麼都漲，都要錢，很多農村的老人不種紅豆，因為沒有成本，就讓土地荒廢。而有技術的拔草工人幾乎都是七、八十歲的老人，這些都是鄉村農民的艱辛啊！當大盤收走所有紅豆時，是不分等級的，就像收購生乳一般。採訪至今，羊其實是

有感而發，農業的共同點，不論農產品為何，只要讓大盤收走，全都打回原點，混雜在一起。就像紅豆芬和媽媽陳月娥，認真照顧每一顆紅豆，就像照顧自己的小孩一樣。她們其實肩負著更多的成本付出，不見得都能收得回來，但她們願意在這一瞬間做出決定，如果她們不在乎紅豆的安全與品質，照著大盤要的量，準時交貨即可，但是這麼多年來，她們在一開始就做了不一樣的決定，只是不知如何銷售，甚至有時還被顧客嫌貴而賣不掉。

允許噴灑在紅豆採收前的落葉劑為農藥巴拉刈[1]，羊曾讀過台大農業化學系教授顏瑞泓的文章《農化專家告訴你巴拉刈的毒理與風險》[2]文末標題「巴拉刈可能加速巴金森氏症發展」。讓羊不禁想起得到巴金森氏症的羊媽最愛吃紅豆了。如今有紅豆芬一家願意這麼做，我願意支持和感謝她們。回程開車途中，遠望著不同作物的農田，和羊長期熟悉的中部農田完全不同，真的是一方水養一方人。紅豆生南國，此紅豆非彼紅豆啊！挑豆挑到半夜的心情，應該在每一顆紅豆裡都藏著相思吧！如果我們都能用行動力支持她們，讓她們有繼續奮鬥的勇氣和力量，何樂而不為呢？

---

[1] 農藥巴拉刈於2011年被農委會規範為合法噴灑在紅豆採收前的落葉劑使用，2017年已全面禁止使用。
[2] 發表於農傳媒 2017.05.24

དཔལ་འབྱོར་: Varieties of Life in *Chin P'ing Mei*

果餡涼糕

材料：

糯米粉......... 200 克
在來米粉 ..... 100 克
水 .... 290 克

果餡：

芒果乾、蜜漬洛神花、松子 .... 約 100 克
乾燥玫瑰花加糖 .... 30 克
黑芝麻粒 .... 30 克
有機砂糖 .... 適量
法國伊思尼無鹽奶油 .... 60 克（或更多）

作法：

1. 將糯米粉、在來米粉和水混合均勻，分成兩糰，放入蒸籠，以
   大火蒸約 20 分鐘。
2. 趁熱，先取出一塊糯米糰放在烘焙紙上，手沾水稍微塑型後，
   平均撒上果餡，再將另一塊糯米糰鋪上壓緊，再用烘焙紙捲起
   來，表面滾上黑芝麻，放入冰箱冷藏兩小時，再取出來切片，
   記得刀子得先沾水才能切。

暇＿滿

དཔལ་འབྱོར: Varieties of Life in *Chin P'ing Mei*

桃花（挑花）燒賣

材料：

未漂白高筋麵粉 .... 285 克

酒漬紅肉李汁 .... 200 克

豬絞肉 .... 300 克

綠竹筍切丁 .... 120 克
（以滾水煮熟後，去殼再切成丁）

桃米泉有機頂級蔭油 .... 1 大匙

有機海鹽 .... 1/2 小匙

無調整蕃薯粉 .... 2 小匙

乾香菇泡熱水切成屑 .... 2 大匙

麻油 .... 1 大匙

胡椒粉 .... 適量

表面裝飾：

青椒切成屑 .... 2 大匙

紅椒切成屑 .... 2 大匙

黃椒切成屑 .... 2 大匙

乾香菇泡熱水後切成屑 ..... 2 大匙

作法：

1. 將酒漬紅肉李汁加熱，倒入高筋麵粉內，以燙麵法製作燒賣皮。
   成糰後，蓋上濕布巾約半小時。

2. 將豬絞肉、筍丁、有機蔭油（醬油）、有機海鹽、蕃薯粉、香菇屑、
   麻油和胡椒粉攪拌成有黏性的肉餡。

3. 將麵糰分成 30 個，用擀麵棍擀開直徑約 7 公分的燒賣皮，包入
   肉餡，將皮與肉餡間抓緊，上方抓出四個角，成方形，孔洞內
   分別放入青椒屑、紅椒屑、黃椒屑和香菇屑。放入蒸籠內，以
   大火蒸約 15 分鐘。

心得：

羊在網上輸入關鍵字「桃花」，為了尋找桃花的照片，出現一堆「桃花
運勢」等…天啊！羊採用四色燒賣的作法改良，桃花燒賣的燒賣皮，顧
名思義得有桃紅色，羊用未漂白高筋麵粉加羊媽釀製一年的紅肉李湯汁
加熱，以燙麵法擀開做成燒賣皮。

內餡為黑豬絞肉、有機海鹽、桃米泉有機醬油、胡椒、綠竹筍切丁等。
上頭放上紅椒、青椒、黃椒和香菇。以鹿港手工製的檜木蒸籠蒸熟。這
是羊首次製作燒賣，雖然厚工，絞肉和筍香搭配得剛好，裝飾上頭的四
種蔬菜清爽，最後入口一點點甜甜的紅肉李燒賣皮，超級美味啊！

美好生活系列 001

暇滿：台灣小農的夢幻《金瓶梅》食譜
དལ་འབྱོར་: Varieties of Life in *Chin P'ing Mei*

作　　者　黃惠玲
圖片攝影　黃惠玲
責　　編　韓秀玫
封面設計　徐蕙蕙
美術排版　徐蕙蕙
出　　版　遠足文化事業股份有限公司
社　　長　郭重興
總 編 輯　韓秀玫
發行人兼出版總監　曾大福
發　　行　遠足文化事業股份有限公司
　　　　　地址：231 新北市新店區民權路 108-2 號 9 樓
　　　　　電話：（02）2218-1417　　傳真：（02）2218-8057
　　　　　郵撥帳號：19504465
　　　　　客服專線：0800-221-029
　　　　　E-Mail：service@bookrep.com.tw
　　　　　官方網站：http://www.bookrep.com.tw
法律顧問　華洋法律事務所 蘇文生律師
印　　刷　中原造像股份有限公司
初版一刷　2017 年 12 月

定　　價　420 元
ISBN 978-986-95565-5-2（平裝）

國家圖書館出版品預行編目（CIP）資料｜　暇滿：台灣小農的夢幻《金瓶梅》食譜 / 黃惠玲著.
-- 初版 -- 新北市：遠足文化，2017.12　　面；　公分 .--（美好生活系列；001）ISBN 978-986-95565-5-2（平裝）
1. 金瓶梅　2. 研究考訂　3. 飲食　4. 文集。　　427.07　　106019674